On nous aurait menti ?

Chez le même éditeur :

Vivre avec les virus. Devons-nous les craindre ? Guillain Mikaty, 176 pages

Dérèglement climatique. Les vraies conséquences pour la santé et la biodiversité, Bernard Swynghedauw, 128 pages

L'IA peut-elle penser ? Miracle ou mirage de l'intelligence artificielle, Hubert Krivine, 128 pages

Météorologie de l'espace. Vivre demain avec notre Soleil, Collectif sous la direction de Jean Lilensten, 240 pages

Chasseur de Comètes. la quête de nos origines, Michel Ory, 192 pages

Les exoplanètes, Flavien Kiefer, 208 pages

Transition énergétique, Bertrand Cassoret, 160 pages

Les trous noirs. À la poursuite de l'invisible, 2e édition, Alain Riazuelo, 208 pages

Le climat dans tous ses états, Pierre Martin, 192 pages

Pourquoi le nucléaire, Bertrand Barré, 176 pages

Initiation à la physique quantique. La matière et ses phénomènes, Valerio Scarani, 192 pages

L'univers secret de la cryptographie, Gilles Dubertret, 176 pages

La matière noire. Clé de l'Univers ?, Francoise Combes, 192 pages

Constellations et légendes grecques, Marie-Francoise Serre, 224 pages

La météo à l'origine de tous nos maux ?, Jacques Fontan, 160 pages

Hubert Krivine

On nous aurait menti ?

De la rumeur aux *fake news*

Préface de Guillaume Lecointre

Postface de Jacques Treiner

Du même auteur :

Exercices de mathématiques pour physiciens, corrigés et commentés, Cassini, 2003.

Exercices et problèmes de physique statistique (en coll. avec Jacques Treiner), Vuibert, 2016.

La Terre, des mythes au savoir, Cassini, 2011.

De l'atome imaginé à l'atome découvert, contre le relativisme (en coll. avec Annie Grosman), De Boeck Supérieur, 2015.

Petit traité de hasardologie, Cassini, 2016, 2018.

Prévoir sans comprendre, comprendre sans prévoir, Cassini, 2018.

L'IA peut-elle penser ? Miracle ou mirage de l'intelligence artificielle, De Boeck Supérieur, 2021.

Image de couverture : © Istockphoto/drante

Conception et réalisation de couverture : Primo&Primo
Relecture : Alain Rossignol
Mise en page : Hervé Soulard

Dépôt légal :
Bibliothèque royale de Belgique : 2022/13647/132
Bibliothèque nationale, Paris : octobre 2022
ISBN : 978-2-8073-5037-3

Table des matières

« Ce qui périt par un peu plus de précision est un mythe. »

Paul Valéry

(*Petite lettre sur les mythes*, 1928)

Préface

Nous avons besoin de croire, faut croire ! Ce que montre à merveille le film de Terry Jones *La Vie de Brian*, où les Monty Python s'évertuent, dans un grand éclat de rire, à mettre en scène la soif de crédulité des contemporains de Jésus, lesquels se mettent à adorer un pauvre gars prénommé Brian, qui, lui, n'a rien demandé. Ça lui tombe dessus, pour ainsi dire. La différence entre notre Brian fictionnel et les personnages réels dont il est question dans ce livre d'Hubert Krivine, c'est que ces derniers ont été vraiment motivés à être crus. Ils en ont attendu gloire et légitimité, souvent usurpées grâce à un vernis de science. Les choses finissent mal pour Brian, pas pour eux. Enfin, pas tous. Ce que dit aussi le film, c'est que la soif de croire est aussi vieille que l'humanité elle-même. D'abord, croire pour se rassurer. Croire pour combler un déficit de sens. Croire pour espérer. Croire pour se valoriser. Croire pour sécuriser ses intérêts. Croire pour rêver.

Mais revenons aux fondamentaux : croire autrui consiste d'abord à lui offrir sa confiance. Et nous avons besoin de nous faire confiance pour pouvoir vivre ensemble. Croire n'est pas mauvais en soi : nous passons la plupart des minutes de la journée à croire les autres. La question qui nous intéresse ici se décline en deux temps. D'abord, comment accorder notre confiance ? Farina et Pasquinelli[29] répondent élégamment à la question. Ensuite, si la crédulité momentanément consentie à quelqu'un ou quelque chose peut nous servir de marchepied entre une croyance ouverte et le savoir, en revanche la foi est une croyance fermée, emprisonnée par l'idéologie, laquelle traduit une instrumentalisation des idées par les nécessités socio-économiques et symboliques d'un groupe social. Les crédulités que décrit ici Hubert Krivine ne concernent pas la nécessaire confiance envers autrui en tant que telle, mais questionne plus précisément l'action de la foi et de l'idéologie sur les savoirs scientifiques. Il s'agit de mauvaises fois, au sens de fois mauvaises, de confiances mal placées, c'est-à-dire en des acteurs dont le but est d'instrumentaliser les savoirs pour se promouvoir en faisant croire qu'« on » nous aurait menti, que la réalité serait autre : la leur.

Certes, en tant que scientifique professionnel, je serais plutôt enclin à encourager mes concitoyens à avoir confiance en la science. Les scientifiques professionnels sont payés pour garantir la fiabilité de savoirs et, plus largement, de connaissances compris comme des biens publics. Nos scientifiques ne sont collectivement prescripteurs ni en matière de valeurs, ni en philosophie, ni en politique, pas plus qu'ils ne sont décisionnaires. Bien sûr, là aussi, il existe des dérapages individuels. Les prises de paroles publiques récentes (6 avril 2022) des trois Prix Nobel Jules Hoffman, Jean-Marie Lehn et Jean-Pierre Sauvage pour appeler à voter Macron sont parfaitement illégitimes[a]. Être Prix Nobel ne vous donne aucune clairvoyance, aucun ascendant en matière de choix électoral. Ces scientifiques fourvoient leur profession, glissade trop souvent suscitée par les contextes électoraux et les shows audiovisuels. Mais revenons aux connaissances. Sur les questions de faits et de théories scientifiques, les chercheuses et chercheurs n'imposent pas : ils proposent des assertions qui sont passivement contraignantes. Contraignantes, parce que pour contredire ces assertions avec la

---

a. https ://www.francebleu.fr/infos/politique/strasbourg-trois-prix-nobel-lancent-un-appel-a-la-reelection-d-emmanuel-macron-1649265652.

même légitimité, il va falloir que les contradicteurs suivent les mêmes règles du jeu de l'argumentation que les scientifiques. Et qu'ils s'y mettent à plusieurs. En dehors de cette astreinte méthodologique, aucun scientifique n'a jamais menacé de mort quiconque ne voulait pas prendre ses dires au sérieux.

Cependant, les scientifiques sont humains, et en tant que tels, un certain nombre dérapent, comme dans toutes les professions. Comme ces dérapages sont très médiatisés, il peut arriver que la confiance qu'on accorde à l'ensemble de la profession s'émousse. Pas facile pour un citoyen qui n'a pas de critères de scientificité de faire la différence entre un binôme de produits médiatiques ou une ancienne astrologue qui tentent de se faire passer pour scientifiques, et des scientifiques de métier… Surtout s'il arrive à ces derniers de s'exprimer en dehors de leur champ de compétences et de dire de grosses bêtises, d'autant plus pernicieuses qu'elles sont prises au sérieux. En matière d'évolution biologique, domaine que je connais bien, les sorties hasardeuses ne manquent pas : Claude Allègre[73], Didier Raoult[21], les mathématiciens Michael Cremo et Richard Thompson[57], Marcel-Paul Schützenberger[54], mais aussi des biochimistes comme Michael Behe ou Nancy Pearcey[55], ou des médecins (comme Michael Denton[52]) qui portent leur crédit au créationnisme américain. Plus subtil encore : il existe des scientifiques sérieux qui raisonnent de travers au sein même de leur discipline, comme les cosmologistes adeptes du « principe anthropique »[27], ou qui s'en vont médiatiser des résultats publiés un peu à la légère : par exemple, les lois de l'évolution de Jean Chaline[53], ou Michel Maffesoli, qui a fait soutenir une thèse à une vedette de l'astrologie[50]. En France, nous pouvons également nous enorgueillir de la sédimentologie diluvienne de Guy Berthault publiée en 1986 et 1988 dans les *Comptes rendus de l'Académie des sciences*[58]. Du naïf entêté à l'imposteur délibéré, de l'erreur maintenue de bonne foi à l'idéologie et à la fraude[38], de l'amateur au professionnel, Michel de Pracontal avait taillé sa route parmi l'entrelacs des situations grâce à un savoureux mode d'emploi de l'imposture scientifique[24].

Dans le prolongement de ces déroutes, il existe aussi d'autres dérapages, ceux de scientifiques qui se servent de leur statut et/ou des résultats de leur discipline pour promouvoir leur religion ou leurs options métaphysiques, au titre de leur profession : par exemple, Anne Dambricourt-Malassé[46] ou Thinh Xuan Thuan, dûment épinglés[18, 30]. Ne nous étonnons pas, dès lors, que la très riche et très catholique famille Bolloré[6] se paie une puissante campagne d'affichage publicitaire dans toutes les gares de France (janvier 2022) pour promouvoir un livre dont les auteurs, bien trop amateurs de science, prétendent prouver l'existence de Dieu par la science ! Cela suppose que la science puisse appréhender dans le monde réel, avec les méthodes d'investigation qui lui sont propres, cette idée abstraite de Dieu. Il faudrait définir Dieu, en effet. Comment est-il instancié dans ce monde changeant dont la science s'occupe ? Car s'il est partout, cela revient à poser un nom « Dieu» sur ce que nous appelons la nature (le Dieu de Spinoza) ; s'il est omniscient, c'est donner à cette nature une capacité cognitive qui n'est qu'une projection de nos propres aptitudes psychologiques, certes amplifiées ; et s'il est omnipotent, c'est faire endosser à la science un providentialisme qui annule purement et simplement la nécessité d'avoir à expliquer scientifiquement quoi que ce soit… Car, historiquement, la science a acquis son autonomie et son efficacité épistémiques par renoncement au providentialisme, précisément. Ces « preuves scientifiques » de l'existence de Dieu consistent en un jeu de mots : on va poser le nom de Dieu sur un phénomène dont la science s'occupe pour accréditer Dieu, mais cet exercice n'aide nullement la science[13, 37]. Ou pire, elles génèrent une distorsion des attendus cognitifs élémentaires de la science[55] en tentant d'appréhender par la science une entité définie comme immatérielle, selon la définition qu'on aura choisie. Aller chercher la science pour prouver Dieu est une démarche scientiste, au sens où elle voudrait que la science réponde à la totalité des questions de sens et des problèmes concrets que se posent les humains. Ce faisant, elle s'en trouve dévoyée, parce qu'elle n'est pas méthodologiquement structurée pour cela, et au bout du processus, menacée dans son autonomie à valider les savoirs fondamentaux. Mais revenons à nos scientifiques à la dérive et à nos charlatans. Face à un tel festival d'errances, auquel Hubert Krivine rapporte ici d'autres exemples, on pourrait s'imaginer le non-spécialiste absolument perdu. Car il faut un réel bagage épistémologique pour ne pas se laisser piéger par les erreurs ou les manipulations parfois sophistiquées. Rassurons-nous, elles restent minoritaires, même si elles peuvent écorner la confiance.

La science peut être décrite comme une activité rationnelle et collective d'explication du monde réel. L'épistémologie y voit un horizon souhaitable de la connaissance, régi selon des modes d'administration de la preuve et des règles de l'objection et de la démonstration qu'elle a la charge d'étudier. La sociologie décrira la science comme un ensemble de pratiques de communautés professionnelles insérées dans une société contraignante. Que nous ayons de bonnes ou de mauvaises raisons de faire des reproches à la science, voire de nous en méfier, et même s'il arrive aux scientifiques de dérailler[24], du côté des publics la défiance à son égard repose aussi et même souvent sur des confusions. Dc manière complémentaire à ce livre consacré aux émetteurs de *fake news*, il est utile d'identifier, du côté des récepteurs, ces confusions afin qu'elles ne nuisent plus aux débats entre science et société.

La première confusion résulte des différents sens que chacun associe au mot « science » (voir la réf. [76]). Premièrement, le mot « science » peut être compris comme un ensemble de résultats et de connaissances disponibles à un moment donné. Deuxièmement, le mot « science » peut être compris comme un collectif professionnel : la « communauté scientifique ». C'est le sens sociologique du terme. Troisièmement, le mot « science » peut être compris sous l'angle de ses applications (téléphones portables, centrales nucléaires, organes artificiels, vaccins, etc.). Quatrièmement, le mot « science » peut être compris en tant que démarche d'investigation, comme méthode rationnelle et collective d'explication du monde réel. Son but est d'expliquer la nature à partir des ressources de la nature. C'est la science sous son aspect méthodologique. Le piège courant provient du fait qu'un interlocuteur entend le mot « science » d'une façon tandis qu'un autre l'entend sous l'un des trois autres sens. Le piège se poursuit en rejetant « le bébé avec l'eau du bain » : on a des raisons, bonnes ou mauvaises, de critiquer l'une des trois premières sciences, et l'on rejettera le tout en bloc, y compris la démarche scientifique (science au sens 4).

Une seconde confusion est issue des temporalités. Il y a confusion entre le temps des sciences, le temps des médias, le temps des réseaux sociaux. Avant l'accès généralisé à la Toile, les scientifiques avaient le temps de stabiliser collectivement leurs résultats avant de les transmettre aux médias. Depuis, le divorce entre le tempo de stabilisation collective d'un résultat au sein de la communauté professionnelle qui a compétence pour le faire et le tempo de la communication est consommé. À peine un résultat est-il publié une première fois par un seul laboratoire qu'il est déjà médiatisé et commenté. Le désordre apparent, notamment sur la Toile, provient du bruit assourdissant de la cacophonie des idéologies adverses sur un résultat qu'elles entendent toutes exploiter à leur avantage, ou bien combattre.

Une troisième confusion est celle entre valeurs et faits. De multiples officines politiques, spiritualistes, voire fondamentalistes, accusent la science d'être « immorale ». Elles proposent alors de réintroduire la providence ou la spiritualité dans la mécanique démonstrative des sciences pour la moraliser, afin qu'elle s'imprègne de « valeurs ». L'argument est fallacieux pour plusieurs raisons[7, 55]. La première est que la spiritualité n'a pas nécessairement à être convoquée dès lors qu'elle n'a pas le monopole de la morale. Mais surtout, la seconde est qu'on confond deux niveaux : d'une part, le cœur méthodologique des sciences (en quelque sorte le moteur du véhicule), le « comment on démontre », qui est amoral et non pas immoral, et, d'autre part, le contrôle social de la science (le volant du véhicule), qui est le niveau de l'éthique. Ce dernier niveau s'exprime dans le choix des orientations générales de la recherche, et dans l'aménagement de celle-ci, mais pas dans la logique de la démonstration.

Une quatrième confusion est celle entre le collectif et l'individuel. Un scientifique seul ne révolutionnera jamais la connaissance rationnelle du monde réel. Quelles que soient ses sources d'inspiration, ce qu'il écrira restera lettre morte si ses expériences ne sont pas publiées dans un journal dont les articles sont évalués par ses pairs, et même une fois passé cette étape, tant que des observateurs indépendants n'auront pas reproduit l'expérience afin d'en tester le résultat. Si le contexte d'inspiration d'une expérience, d'émergence d'une idée ou d'une hypothèse peut être personnel, en revanche le contexte de validation des savoirs scientifiques est un filtre collectif international et, en cela, les options métaphysiques personnelles de chacun n'entrent pas en ligne de compte. Par conséquent, il est contestable qu'un scientifique du secteur public utilise sa communauté professionnelle pour accréditer son option métaphysique personnelle. Par ailleurs, les postures relativistes qui veulent affaiblir la science essaieront toujours de faire passer un résultat ou une affirmation scientifique qui les dérange pour l'opinion d'un seul.

Une cinquième confusion se répand : celle entre égalité du droit à la parole et égalité de légitimité. Un dialogue entre science et société sur des questions scientifiques est souhaitable. Cependant, les situations statutaires sont, de fait, asymétriques : un enseignant est payé pour dispenser un programme qui fait force de loi (et pas l'élève), et un chercheur est payé parce qu'il a compétence pour garantir la fiabilité des connaissances (et pas tel ou tel public exerçant un autre métier). Il ne faut pas s'en émouvoir, c'est même là la condition d'une connaissance vue comme bien public. En tant que tel, un savoir scientifique collectivement acquis ne peut donc pas être légitimement récusé publiquement au motif qu'il ne convient pas à l'opinion d'une personne, voire à un groupe de personnes, même d'apparence rationnelle. Une égalité de dignité et de liberté d'expression n'implique nullement une égalité de légitimité. Un président de la République (tel Ronald Reagan), aussi digne et écouté soit-il, n'a aucune légitimité pour contester le fait scientifique de l'évolution biologique. Cette asymétrie persistante ne remet pas en cause la possibilité de la science de participer à des biens communs. Ceux-ci peuvent profiter du fait que, organisés en réseaux, leurs acteurs sont composés d'une *mosaïque de légitimités et de compétences.* Certains participants sont plus légitimes sur un sujet ou un savoir-faire donné – de par leurs diplômes et/ou compétences – que les voisins qui, en retour, sont eux plus légitimes que les précédents dans d'autres champs. Le premier attendu de ce modèle est évidemment un bénéfice réciproque. Ne pas être aussi légitime en plomberie qu'un plombier ou en conduite d'une voiture de course qu'un coureur de Formule 1 ne devrait pas être un problème de dignité. Un Prix Nobel scientifique est très spécialisé dans son domaine, mais il n'a nulle légitimité en matière religieuse au titre de sa profession, même si tel plateau de télévision ou telle association spiritualiste l'y sollicitent.

Sur la Toile, nos concitoyens peuvent sélectionner les informations qui leur plaisent. Les cursus scolaires et universitaires sont de plus en plus constitués « à la carte ». Dans certaines universités anglo-saxonnes, des salles de retranchement peuvent être transitoirement occupées par des étudiants qui ne souhaitent pas entendre parler d'évolution. La connaissance semble aujourd'hui pouvoir s'acquérir comme on fait ses courses, renforçant ainsi l'emprise idéologique sur nos compréhensions du réel. Une confusion s'installe progressivement entre science et idéologie. L'idéologie est un discours qui maintient une illusion sur le monde, parce que celle-ci fournit à ceux qui la maintiennent une emprise[77]. Pour se maintenir, elle a ceci de particulier qu'elle se travestit, et qu'elle instrumentalise la science et l'histoire. Mais comment l'idéologie fait-elle pour récupérer et manipuler les faits scientifiques ? Il existe plusieurs procédés, le plus courant étant la réduction. Il s'agit de réduire pour appliquer : on rabote la théorie jusqu'à sa plus simple expression ou bien à un moment d'elle-même pour mieux l'appliquer dans un champ où on voudra l'étendre – illégitimement. Par exemple, c'est avec une vision réductrice du gène et de ses actions que l'idéologie libérale eugéniste s'étendra pour stériliser les existences socialement indésirables aux États-Unis ou dans les pays scandinaves dans l'entre-deux-guerres. L'idéologie pratique massivement une sélection partiale des faits scientifiques, d'autant plus activement qu'elle a besoin de se parer de scientificité. D'où la pratique du *cherry picking* : elle ne prend de la science que des morceaux choisis, procédé également à l'œuvre dans les complotismes[14] ou les enfumages[64]. Or, l'un des prérequis d'une démarche scientifique est, au contraire, la prise en compte de toutes les données et connaissances pertinentes au regard de la question posée.

Une septième confusion, qui découlerait presque des deux précédentes, est celle entre critique des idées et critique des personnes. En science, critiquer l'idée d'un collègue est une posture à la fois requise et bienveillante. Ceux qui ont assassiné les journalistes de *Charlie Hebdo* ont confondu la critique de l'idée de Dieu et l'atteinte à leur personne propre, confusion que font beaucoup de religieux, de quelque religion que ce soit. Ainsi, dans nos établissements scolaires, énoncer un fait qui contredit une religion est presque passible d'atteinte au respect des personnes... Et des formations d'enseignants posent la question de « l'enseignement des sciences dans le respect des croyances des élèves ». Formulation qui en dit long sur le recul des connaissances et qui demande, en premier lieu, à définir ce qu'on entend par « respect ». La science n'est pas faite pour heurter quiconque ; en revanche, elle est autonome dans la validation de ses savoirs. S'il fallait enseigner la science selon les contraintes des croyances de chacun, on n'enseignerait plus de science du tout.

Le savoir scientifique, parce qu'il mobilise la raison, la critique des idées et non la critique des personnes, se retrouve passivement compatible avec le projet de démocratie républicaine tel que mobilisé par Condorcet en 1792 lorsqu'il invente l'école de la première République. C'est pourquoi les savoirs sont légitimes dans l'espace scolaire français. On aura compris qu'il est, dans notre République, crucial de pouvoir faire la distinction entre savoirs, opinions, croyances, croyances religieuses et idéologies[56]. Expliciter de manière didactique les critères du savoir et ceux de la scientificité, c'est se donner les moyens de déjouer les instrumentalisations ou les déroutes de la science et d'éviter une partie de la défiance de nos concitoyens à son égard. C'est ce à quoi contribue ce livre savoureux, en creux : en montrant en quoi ce qui est cru relève de la mauvaise foi, il incite le lecteur à adopter les contraintes cognitives auxquelles s'astreignent les scientifiques dans un exercice collectif de confrontation au réel, de rigueur, d'imagination et de dialogue. Non, personne n'a menti aux adorateurs du pauvre Brian. Il n'a pas su les convaincre qu'ils s'étaient menti à eux-mêmes, et pour cela il a fini cloué sur une croix. Grâce au talent de ce livre, me voilà rassuré : il n'en sera pas de même pour mon ami Hubert.

Guillaume Lecointre

Avant-propos

La pandémie de Covid-19 se double d'une autre : celle des *fake news*, et les deux se nourrissent l'une l'autre. On ne sait pas – pour l'instant – soigner la première ; on n'en connaît que des remèdes préventifs : les vaccins. En existe-t-il pour la seconde ? Où sont les anticorps qui gêneraient leur propagation ? Nous pensons – naïvement peut-être – qu'un retour commenté sur leur histoire aura un petit effet immunisant.

Aussi loin que l'on en trouve des traces, les mythes et les croyances – qu'on sait aujourd'hui fausses – ont été consubstantiels à l'existence de l'humanité[a] ; et ils persistent. En témoigne la multitude de rites qui scandent la vie de milliards d'individus qui peuplent les cinq continents. À une échelle beaucoup plus réduite dans le temps et dans l'espace, ce qu'on appelle maintenant « *fake news* » en est un avatar moderne. Mais un avatar privé de racines culturelles, donc fragile. Il peut néanmoins se révéler toxique.

Les mythes répondent à des questions existentielles, tandis que les *fake news* sont davantage conjoncturelles. Nous en détaillerons la fonction dans cet essai à la lumière de ce magnifique aphorisme de Paul Valéry : « Que serions-nous donc sans le secours de ce qui n'existe pas ? »

---

a. Seraient-elles cette démarcation tant recherchée entre l'humain et le reste des animaux, puisque apparemment l'apparition de l'outil, voire de la culture ou du langage, n'est pas le bon critère ?

Qu'est-ce qu'une « *fake news* » ? On peut penser qu'au sens le plus général, c'est la propagation délibérée d'une information fausse, voire frauduleuse. Mais fausse pour qui ? Ceux qui écrivent que la Terre est plate ou que le monde a été créé en six jours le croient. Ces *fake news* sont vraies pour eux, comme est vrai pour ses partisans le fait que l'hydroxychloroquine du Pr Raoult soigne les affections dues à la Covid-19. Par contre, il y avait moins d'ingénuité quand, le 5 février 2003, l'administration nord-américaine, par la bouche de Colin Powell, a affirmé à la tribune de l'ONU détenir des preuves de la possession par Saddam Hussein d'armes de destruction massive ; elle savait qu'elle avait fabriqué un mensonge.

De même, quand le commandant Esterhazy a écrit le bordereau permettant d'accuser Dreyfus de trahison, le mensonge était délibéré – nous y reviendrons. Peut-être vaut-il mieux alors définir la *fake news* comme une information trompeuse ; ce qui évite d'introduire la bonne foi ou les intentions de son propagateur[a], puisque l'effet en dépend finalement assez peu.

Il faut enfin, à chaque fois que c'est possible, distinguer la *fake news* du développement toujours tortueux des connaissances dans l'histoire de l'humanité : l'erreur provenant de savoirs insuffisants ou mal interprétés mais résultant d'un travail rationnel n'est pas une *fake news*. C'est même un processus plutôt général. La *false news* n'est pas une *fake news*. Il faut également mettre de côté les contes, légendes et fictions littéraires présentés comme tels. Stendhal ou Balzac ont bien sûr inventé des personnages fictifs, mais il n'y avait aucune tromperie dans les descriptions de la société représentée dans leurs romans. Au contraire, ces récits la révé-

---

a. D'ailleurs, en espagnol, mentira, qui veut dire « mensonge », peut aussi signifier « faux ».

laient ! Les fictions sont souvent plus réalistes et instructives que les purs documentaires[8].

Le champ des *fakes news* est néanmoins inépuisable : il va de la persistance colportée de mythes anciens[a], quand ils sont crus *littéralement*, jusqu'à la fabrication délibérée de fausses rumeurs à dessein politique. Aussi nous sommes-nous limités principalement à deux cas extrêmes d'actualité parce qu'ils ont clairement des conséquences pratiques : celui de la lecture *littérale* des textes sacrés, source inépuisable de *fake news* d'origine religieuse, et celui des *fake news* d'origine scientifique. Même issues de mondes différents, il y a là des *news* qui sont non seulement fausses, mais qui peuvent devenir empoisonnées.

Comment lire et interpréter la Bible et le Coran est une question presque aussi vieille que leur l'écriture. Elle joue aujourd'hui un rôle renouvelé, par exemple dans les conflits du Moyen-Orient ou dans (le refus de) l'enseignement des sciences naturelles. Quant aux *fake news* scientifiques – mieux vaudrait parler de *fake news* « scientifiques » avec des guillemets pour éviter l'oxymore –, elles connaissent un développement exponentiel ; notamment grâce aux réseaux qui relaient et amplifient l'inquiétude née des avancées scientifiques souvent jugées non contrôlées. Nous pensons aux OGM, au nucléaire, aux vaccins, aux ondes électromagnétiques, etc[b].

Le capitalisme moderne a la capacité de transformer toute production humaine en marchandise. On le savait depuis quatre siècles pour les biens matériels, puis pour les brevets. Maintenant les *fake news* sont tombées dans son escarcelle. Pas directement, mais en

---

a. Le récit le plus ancien raconté est peut-être celui du serpent qui a malicieusement conseillé Ève… Ce mythe se retrouve dans la tradition sumérienne de Enki et Ninhursag, comme se retrouve la légende de l'arche de Noé (Utanapishtim) dans l'épopée de Gilgamesh.

b. Voir le n° 337 de *Science & Pseudoscience* consacré au complotisme.

publicité, au travers des buzz qu'elles génèrent à chaque clic. Le montant des sommes en jeu est très difficile à évaluer. Selon Julien Rahmil[a],

> *« non contentes de diviser nos sociétés et d'influencer nos élections, les fake news rapportent énormément d'argent. Selon une étude de l'ONG Global Disinformation Index, réalisée pour la chaîne CNN, les sites de désinformation gagneraient près de 235 millions de dollars par an en recettes publicitaires. Ce chiffre, obtenu en scrutant plus de 20 000 sites, ne représenterait que la pointe émergée de l'iceberg. »*

Indépendamment de ce terrain purement marchand, il faut ajouter un pouvoir de manipulation politique de l'opinion publique, largement dénoncé par ailleurs[68] et qui a vu son importance décupler lors de l'invasion russe de l'Ukraine.

De coloration scientifique, religieuse ou politique, les *fake news* sont omniprésentes, à tel point qu'on pourrait considérer qu'une moitié des médias les propage tandis que l'autre tente de les combattre[b]. Télévisions et radios multiplient les émissions destinées à les démystifier. Même si ces démentis sont indispensables, il y a là globalement une perte colossale de temps et d'énergie.

À l'origine de la crédibilité qu'on leur accorde, il y a bien des raisons que nous développerons, mais s'en détachent surtout deux : *i*) la confusion entre le bienfait qu'apporterait telle révélation et son bien-fondé (hélas, le désirable n'est pas nécessairement vrai !), et *ii*) une recherche naïve (anthropomorphe) de l'intentionnalité cachée dans chaque événement. Quelles que soient les différences

---

a. Dans la revue *ADN* du 3 septembre 2019.

b. Lire en particulier *Le Monde Diplomatique. Manière de voir* d'août-septembre 2020, titré « *Fake news*, une fausse épidémie ? ».

entre les *fake news* d'origine religieuse et celles d'origine scientifique, beaucoup de caractéristiques de leur pouvoir de persuasion leur sont étonnamment communes. Voilà pourquoi le titre initial du présent ouvrage était « Mauvaises fois » ; mais si ce titre le résumait bien, il était beaucoup trop allusif et incompréhensible pour qui n'avait pas - encore - lu cet essai.

En ce qui concerne les mythes scientifiques, nous voulons essayer de convaincre les enseignants d'éviter – autant que faire se peut – d'employer l'argument d'autorité de la « science » pour contrebalancer les effets des *fake news*. Cet argument suppose, en effet, le problème résolu : que connaissent nos élèves[a] de la démarche scientifique ? Opposées à cette autorité invisible, il y a celles, bien présentes, de la famille, de l'entourage, des traditions, voire de quelques gourous qui sur le Net empruntent l'habit du savant. C'est ce qui nourrit l'argument classique : cela est une opinion, la vôtre, mais d'autres, tout aussi savantes et convaincantes, disent autre chose. Qui croire ? En ce sens, les élucubrations des (rares) médecins ou « scientifiques» opposés à la vaccination sont criminelles.

Les difficultés rencontrées par la campagne de vaccination contre la Covid-19 en sont une belle illustration. Croire à l'efficacité ou à la vérité d'un phénomène qu'on ne comprend pas – ce qui est une situation tout à fait générale – suppose une confiance dans les autorités réputées savantes, qu'elles soient scientifiques, politiques ou religieuses. Il est maintenant devenu banal d'expliquer qu'il en est ainsi de la défiance à l'égard des vaccins anti-Covid. Mais il est naïf de croire que davantage d'explications pédagogiques idoines suffiront à dissiper cette méfiance. La confiance envers les autorités se fonde sur l'expérience vécue et sédimentée des gens ; et elle n'est

a. Et quelquefois nos enseignants, qui dans le primaire ont très majoritairement une culture littéraire !

pas d'abord construite sur le terrain scientifique ou médical – comment en serait-il ainsi ? –, mais sur un ensemble de tests dans toutes sortes de domaines, sociaux, politiques et culturels.

Il est donc illusoire d'espérer qu'à l'inverse des monnaies, où « les fausses chassent les vraies », les vraies *news* chasseront simplement les fausses. Que faire alors ? Nous pensons que l'histoire de la chute et du déclin des bobards du passé peut aider une réflexion critique sur ceux du présent. Ce livre est une petite contribution à cette culture manquante et pourtant nécessaire.

Pour les plus vieilles fables, celles qui concernent la naissance de l'humanité, on peut faire lire le révérend Paley[65] qui, observant que la complexité du vivant était infiniment supérieure à celle d'une montre, en conclut qu'il n'y avait point « d'horloge sans horloger ». Lui opposer Darwin avec la belle formule de « l'horloger aveugle » due à Dawkins[23] n'est, hélas, pas convaincant ; mais on peut raconter l'histoire des conceptions de l'âge de la Terre[47] et de ses controverses en utilisant seulement des données objectives et facilement vérifiables. Il faut montrer comment, à partir de la Renaissance, le monde savant, qui était créationniste (Newton par exemple), a dû se résoudre, à son corps défendant, à oublier la création biblique ou, en tout cas, à ne la considérer que comme une allégorie.

Pour les *fake news* modernes, savoir, par exemple, ce qu'il est advenu de l'invention d'un traitement totalement inefficace de la tuberculose par le très réputé Pr Koch, qui a vu d'innombrables queues patienter devant son hôpital à Berlin en 1890, peut faire réfléchir sur la « folie française » suscitée par le Pr Raoult à Marseille en 2020. Le médicament anticancéreux du Pr Beljanski, également chercheur réputé, qui a été appliqué à François Mitterrand a connu une trajectoire analogue, même à une échelle plus réduite.

Les *fake news* – relativement – anodines (par exemple, la croyance actuelle qu'au Moyen Âge on pensait la Terre plate[36] ou que les hommes n'ont jamais marché sur la Lune, ou encore l'existence de canaux martiens[a]) sont peut-être les plus nombreuses, nous ne les commenterons pas parce que nous voulons nous attacher à celles qui sont aujourd'hui clairement toxiques.

Même en nous limitant aux champs scientifiques ou religieux, nous avons dû faire des choix drastiques dans les exemples que nous singularisons. Ces choix, liés à la culture de l'auteur, sont certainement arbitraires mais néanmoins, à notre avis, pédagogiquement intéressants. Ainsi, la place accordée aux différents exemples n'est pas liée à leur importance historique. Elle est d'autant moins développée que ces exemples sont maintenant banalement dénoncés sur la place publique mais d'autant plus qu'ils permettent d'éclairer le mécanisme général de la mystification. Voilà pourquoi le lecteur pourra trouver ici un catalogue à la Prévert qui énumère pêle-mêle des *fake news* dérisoires, comme celles de la transmission de pensée qui aura troublé quelques écoliers et le tombereau – bien reconnu maintenant – des fausses accusations staliniennes qui ont concerné le sort de millions de citoyens soviétiques.

Dans le domaine scientifique, nous développerons en particulier l'astrologie, les rayons N, la mémoire de l'eau et les polémiques sur les vertus de l'hydroxychloroquine. Nous consacrerons ensuite une partie spécifique non pas aux religions qu'on pourrait difficilement qualifier de *fake news*, mais aux croyances nées d'une interprétation littéraliste des textes sacrés.

Concernant le plan d'exposition, quitte à nous répéter quelquefois, nous avons préféré rappeler d'abord un certain nombre de

a. Observation due à Giovanni Virginio Schiaparelli, astronome italien réputé, qui avait cru en avoir repéré. Le manque de résolution de sa lunette explique cette erreur, qui fut toutefois interprétée par certains comme preuve de l'existence de Martiens.

fake news pour ensuite tenter d'en dégager des caractéristiques communes.

Disserter sur la mauvaise intelligence des choses que sont les *fake news* suppose une réflexion sur ce que serait leur bonne intelligence. Voilà pourquoi le lecteur pardonnera quelques auto-plagiats de mes précédents livres[47-49] qui abordent ces questions.

Bien que signé par un seul auteur, ce travail est le fruit de bien des discussions avec des collègues et amis qui m'ont fait bénéficier de leurs encouragements et – heureusement – le plus souvent de leurs critiques. J'espère pouvoir les en remercier sans les compromettre.

Mention particulière doit être faite à Jacques Treiner, mon vieux complice, à l'origine de bien des échanges qui ont nourri cet essai. En témoignent les ajouts de sa riche postface. Impossible de ne pas citer ensuite Guilllaume Lecointre, qui m'a fait le cadeau de sa préface et dont les remarques et les encouragements m'ont fortement aidé, ainsi que Nicolas Pavloff qui a réalisé, par amitié et avec tant d'humour, l'illustration d'ouverture du livre. Je suis ensuite reconnaissant à Axel Cypel dont la relecture critique a permis un éclaircissement de bien des points obscurs de cet essai – mais probablement pas tous !

Je sais, enfin, gré à :

André Bellaïche, Édouard Brézin, Suzy Colin-Zahn, Philippe Deterre, Pierre Fiala, Françoise Gicquel, André Grimaldi, Pierre Léna, Michèle Martinet, Nicolas Pavloff, Gilles Pialloux, Isabelle Rivals et Catherine Samary.

Les laboratoires du LPTMS d'Orsay et du LPNHE de Paris m'ont généreusement offert un support matériel et intellectuel pour l'écriture de ce travail. Qu'ils en soient remerciés.

Paris, janvier 2022

1 Les sources de la crédulité

Bien des massacres et des tortures ont été perpétrés au nom de la religion catholique (et de quelques autres). Et, interviewés par des journalistes de l'époque, croisés et inquisiteurs auraient certainement excipé de leur bonne foi, dans tous les sens du terme : il s'agissait d'éliminer des suppôts du Diable, une tâche de salubrité publique qui justifiait bien quelques horreurs de détail[a] pour anéantir les plus épouvantables d'entre eux[b]. Aujourd'hui, les fanatiques[c] qui manient l'arme blanche, obéissent à la même « logique ». Est-ce à dire que, dans ces deux cas, on doit incriminer la religion ?

Des millions de gens ont tué ou l'ont été durant la Grande Guerre. Ils ont consenti à ce sacrifice – du moins au début – convaincus qu'ils défendaient une valeur suprême de civilisation devant la barbarie de l'ennemi. Est-ce à dire que le bourrage de crâne patriotique est à l'origine de ces gigantesques massacres ?

---

a. Appelés aujourd'hui « bavures ».

b. Argument souvent employé pour justifier la torture.

c. Il y a un espèce de retour aux sources : la secte des Hashīshiyyīn (fumeurs de haschich) serait à l'origine du mot « assassin ». Envoyés en Occident, ils ont tué – essentiellement au poignard, pour impressionner – croisés chrétiens et, en passant, quelques sunnites.

Évidemment que non : on ne juge pas un individu sur l'idée qu'il a de lui-même. Le point le plus intéressant serait de comprendre pourquoi, à certains moments, les bourrages de crâne religieux ou patriotiques ont pu avoir un tel succès. Cette question du « pourquoi » est un travail d'historien et de sociologue, voire de militant politique, que nous n'aborderons pas. Nous nous limiterons à la question plus modeste du « comment », c'est-à-dire celle du cheminement intellectuel qui permet ces écervellements.

Ainsi, nous ne croyons pas naïvement que disséquer ce cheminement intellectuel des *fake news* permettra son éradication : on ne combattra pas victorieusement les *fake news* avec le seul énoncé des vraies. Nous pensons que c'est néanmoins un pas dans cette direction et un pas utile. Le fascisme allemand s'est, par exemple, appuyé sur le mythe de l'existence et de l'inégalité des races humaines. Pas pour des raisons intellectuelles, mais parce qu'il entrait en résonance avec la situation misérable des masses allemandes et semblait offrir une solution, il a convaincu, y compris des milieux supposés cultivés. Ce qui ne veut pas dire qu'il ne fallait pas à l'époque en montrer l'inanité, même si l'effet n'en pouvait être que marginal. Et que dire à ces millions de fidèles qui s'entassent sur les bords du Gange en croyant recevoir la bénédiction de ses eaux polluées ? Une information sur les contagions microbiennes ou virales leur serait certainement bénéfique, mais infiniment moins que leur sortie de la misère.

Le riche panorama des *fake news*

La prolifération d'informations et de croyances fausses[a] (*fake news*) n'est évidemment pas un phénomène moderne. Bien avant l'apparition de l'imprimerie, elles pullulaient. D'ailleurs, la distinction entre mythe et histoire est relativement moderne – et même pas toujours achevée ! Notons que les religions ont souvent – et de façon inégale – participé de cette confusion à une échelle de masse. Les religions contiennent à la fois des récits du monde (les mythes[b]) et des considérations morales et sociales[c]. Les premiers, les récits fantasmagoriques, *quand ils sont lus littéralement*, peuvent être jugés à l'aune du vrai et du faux.

C'est, par exemple, l'émergence simultanée – à six jours près – de l'Univers, de la Terre, de sa faune et de sa flore ou la naissance de l'humanité à partir d'Adam, lui-même issu de la glaise… Il est aujourd'hui clair – en tout cas, pour une bonne partie de la population[d] – qu'elles sont fausses.

On a souvent dit que le mythe était à l'origine de la science. Ce qui est difficilement contestable : la pensée scientifique n'est pas née *ex nihilo*, elle s'est naturellement développée à partir du terreau culturel de son époque. L'astronomie s'est développée à partir de

a. Et non pas de fausses croyances comme une mauvaise traduction l'indiquerait ; ces croyances sont malheureusement réelles !

b. Patrimoine souvent commun à plusieurs religions.

c. Ces deux parties ne sont pas toujours étanches : pour les chrétiens – c'est moins clair pour les juifs et faux pour les musulmans –, les humains doivent racheter le péché originel d'Adam.

d. Encore qu'une fraction importante des habitants de la plus grande puissance mondiale continue à y croire. Notons qu'on compte plus de 600 millions d'évangélistes dans le monde.

l'astrologie, et la chimie à partir de l'alchimie. Pour Lévy-Strauss[59], la magie est aussi une forme de connaissance. Je cite :

> « *Nous ne revenons pas, pour autant, à la thèse vulgaire (et d'ailleurs admissible, dans la perspective étroite où elle se place), selon laquelle la magie serait une forme timide et balbutiante de la science, car on se priverait de tout moyen de comprendre la pensée magique, si l'on prétendait la réduire à un moment, ou à une étape, de l'évolution technique et scientifique. [...] Au lieu, donc, d'opposer magie et science, il vaudrait mieux les mettre en parallèle, comme deux modes de connaissance, inégaux quant aux résultats théoriques et pratiques (car, de ce point de vue, il est vrai que la science réussit mieux que la magie, bien que la magie préforme la science en ce sens qu'elle aussi réussit quelquefois), mais non par le genre d'opérations mentales qu'elles supposent toutes deux, et qui diffèrent moins en nature qu'en fonction des types de phénomènes auxquels elles s'appliquent.*

Par contre, quand le mythe a été utilisé comme un des fondements de la religion, et cette dernière comme justification des pouvoirs d'État et des privilèges des nobles et des clergés, il a joué un rôle réactionnaire. Est-il utile de rappeler le procès de Galilée ?

L'emprise des textes sacrés

Quelle importance finalement de croire « pour de vrai » aux miracles, à Ève et Adam, à la virginité de Marie, à la transsubstantiation[a], aux djinns, à la métempsychose, etc. ? Pratiquement

a. C'est la croyance pour les catholiques de la transformation réelle de l'hostie et du vin de messe en chair et en sang du Christ.

aucune[a], si ce n'est une forme de crédulité qui permet sur d'autres questions de suivre n'importe quel avis ou n'importe quel gourou. Mais l'essentiel n'est pas là. Le vrai danger de l'interprétation littérale des textes sacrés est leur aspect normatif de la vie sociale. Passent encore les interdits alimentaires, hygiéniques[b] ou vestimentaires ; mais sur le terrain politique, c'est, par exemple, la justification au nom de la Torah[31, 71] de la colonisation israélienne en Palestine. Sur le terrain social, il faut ajouter la place des femmes subordonnée à celle des hommes et, pour la religion catholique, les difficultés rencontrées jadis à l'accouchement sans douleur et maintenant l'interdiction de l'avortement et de la contraception qui touche des dizaines de millions de femmes dans le monde. N'oublions pas non plus, dans certains pays, le refus d'enseigner la théorie de l'évolution[55].

Si on peut instiller le doute sur les affirmations de type scientifique des livres sacrés, ce qui n'est pas si difficile, on peut alors faire aussi réfléchir sur la relativité des affirmations sur le mode de vie et la tradition, ce qui l'est bien davantage.

On objectera, bien sûr, que personne ne croit *aujourd'hui* à ces balivernes. C'est certainement vrai dans les milieux cultivés (croyants ou pas), mais faux au niveau mondial, où c'est plutôt la foi du charbonnier qui domine ; pour une fraction significative de l'humanité, règne un (ou plusieurs) Dieu à l'image d'un seigneur infiniment puissant devant lequel on doit se prosterner et offrir des offrandes, voire des sacrifices.

Pourquoi ce succès populaire ? Essentiellement à cause de l'importance de la prière pour conjurer le sort ou pour obtenir

a. Ce d'autant plus que ce degré de croyance peut être très relatif, comme le montre Paul Veyne[80].

b. On peut penser aux gigantesques rassemblements déjà évoqués en Inde pour se faire bénir dans les eaux du Gange.

quelque chose. Ce quelque chose peut être matériel (une guérison, la pluie, un gain financier) ou spirituel (un espoir, une consolation, une explication). Qu'elles soient dites « primitives» ou se référant à Râ ou Abraham, les religions ont attaché une importance colossale aux prières pour le repos de l'âme des morts.

Les prêtres modernes peuvent convenir qu'il est indécent, voire contradictoire, de demander une faveur à un Dieu, puisqu'il est omniscient et infiniment bon : voudrait-on modifier son jugement ? Mais ils le taisent à leurs fidèles. Il n'y a qu'à compter le nombre d'*ex-voto* qui peuplent les églises. Ce qui est quand même une reconnaissance officielle de l'efficacité matérielle de la prière. Est-ce le risque de perdre des fidèles[a] ? Mais, *volens nolens*, ces prêtres continuent à se servir de l'existence des infrastructures bien matérielles de l'Église, qui repose sur des millions de fidèles ayant la foi du charbonnier.

Priver la prière de ce rôle bénéfique, et la religion resterait confinée à de petits cénacles spirituels qui, conscients à juste titre des limites de ce que la science peut expliquer, sont à la recherche d'une réponse qui aille au-delà (dans tous les sens du terme !). Pour ces croyants en quelque sorte désintéressés, la science peut – et même doit – s'atteler au comment, mais ne répondra jamais au pourquoi.

Dans bien des cas, cette question du « pourquoi » de toute chose renvoie à une conception d'intentionnalité qui a tout son sens en religion[59, 63], mais que la vision de Darwin a démystifiée. Personne ne nous a voulus et il est vain de demander le « pourquoi» d'un développement qui s'est déroulé sans intention. La science répond

---

a. Un parallèle un peu superficiel, mais éclairant : Aragon, par exemple, devait bien savoir que l'URSS n'était pas le paradis sur terre, que c'était seulement une image, mais il ne le disait pas ; en revanche, des centaines de milliers de travailleurs (en Europe occidentale) le croyaient au sens littéral. (« Ne pas désespérer Billancourt ! »)

modestement (et souvent provisoirement) à des « pourquoi locaux » bien identifiés. Ces « pourquoi locaux » peuvent former une chaîne infinie de régressions. C'est pour éviter ce problème que S.J. Gould[39], pourtant athée, va défendre la thèse du NOMA (*Non-overlapping magisteria*). Nous y reviendrons.

François Jacob[45] a fait à ce propos la remarque suivante :

> « *À première vue, la science paraît moins ambitieuse que le mythe par les questions qu'elle pose et les réponses qu'elle cherche. De fait, le début de la science moderne date du moment où, aux questions générales, se sont substituées des questions limitées. [...] Ce changement a eu un résultat surprenant. Alors que les questions générales ne recevaient que des réponses limitées, les questions limitées se trouvèrent conduire à des réponses de plus en plus générales.* »

Jacques Bouveresse[11] indique bien comment la méfiance justifiée contre le scientisme peut conduire à une disqualification de la science.

> « *La dose de vérité que l'être humain est prêt à supporter est probablement beaucoup plus réduite qu'on aimerait le croire. Mais cela ne peut pas constituer un argument en faveur de l'erreur et de l'illusion. [...] On a toujours l'impression, quand on demande aux gens de se servir de leur raison, qu'on va faire du tort à quelque chose de beaucoup plus essentiel à quoi il ne faudrait pas toucher : l'imagination, la spontanéité, l'émotivité, la passion, le sentiment, etc. Les droits de l'affectivité semblent devenus imprescriptibles, et les défenseurs de la raison passent presque toujours pour naïfs ou pour autoritaires et répressifs. Je n'ai, pour ma part, jamais réussi à percevoir la logique ou la raison comme répres-*

> *sives. Je ne suis même jamais parvenu à donner réellement un sens à l'idée d'une "tyrannie de la raison". Je ne vois pas ce qu'il peut y avoir de répressif dans le fait que la pensée, y compris la pensée la plus profonde, puisse rester soumise à des règles relativement contraignantes.* »

Il faut ajouter à cela l'importance d'un cérémonial qui donne le sentiment d'être plus fort parce que soudé à une communauté[a]. C'est d'ailleurs le nom que s'attribuent bien des regroupements religieux[b]. La tradition juive, par exemple, attache beaucoup plus d'importance au respect du rituel qu'aux discussions philosophiques sur l'existence de Dieu. Enfin, les rites d'exorcisme ou de désenvoûtement peuvent avoir un réel impact psychique. Le psychiatre Jean Oury allait jusqu'à comparer leur effet d'amnésie à celui induit par les électrochocs employés dans les cas de dépressions sévères[c].

Enfin, il y a la délicate question de l'amour de Dieu. Celui qu'on lui doit et celui qu'il nous porte. Qui peut nier le réconfort qu'il apporte aux plus démunis et aux plus isolés ? On connaît cette célèbre citation de Marx sur « l'opium du peuple » :

> « *La détresse religieuse est, pour une part, l'expression de la détresse réelle et, pour une autre, la protestation contre la détresse réelle. La religion est le soupir de la créature opprimée, l'âme d'un monde sans cœur,*

---

a. Aharon Appelfeld[4] attribue à ce rejet de la tradition (et de la langue) la facilité du massacre des Juifs pendant la Seconde Guerre mondiale.

b. L'étymologie de « religion » est discutée : *relegere*, « relire », ou *religare*, « relier ».

c. Voir l'article d'Annick Cojean, « Les étranges pouvoirs de la transe sur le cerveau étudiés à l'université », paru dans *Le Monde* du 18 novembre 2021.

> *comme elle est l'esprit de conditions sociales d'où l'esprit est exclu. Elle est l'opium du peuple. L'abolition de la religion en tant que bonheur illusoire du peuple est l'exigence que formule son bonheur réel.* »

Notons que son interprétation par Staline a été radicale ; il a prétendu, avec le succès que l'on sait, « abolir la religion » en brûlant les églises et en persécutant les croyants. Une politique imbécile et criminelle qu'il poursuivra jusqu'à la Seconde Guerre mondiale.

Et que dire de l'impact des manifestations artistiques qu'aucune autre *fake news* n'aura su susciter ? Comment ne pas croire à la réalité de divinités pour lesquelles de si belles pyramides et églises[a] ont été édifiées, et de si belles peintures et sculptures réalisées ? Sans parler des musiques : comment ne pas croire en écoutant *La Passion selon saint Matthieu* ? Pascal le savait bien quand il écrivait : « Le cœur a ses raisons que la raison ne connaît point. »

Les religions athées

Par bien des aspects – et malgré leur matérialisme affiché –, le stalinisme et le maoïsme, avec leur culte – nom qui n'est pas anodin – du chef, ont imité les religions. Il y avait le cérémonial, le sentiment d'appartenir à une communauté, l'espoir d'un lendemain (ici sur Terre) enchanté. Pour les déviants (les hérétiques) il y avait aussi l'équivalent de tribunaux de l'Inquisition (les procès de Moscou, puis ceux de Prague) et l'excommunication (la mort ou le Goulag). Notons que, comme pour les (vraies) religions d'État, la terreur pouvait étrangement se combiner à une conviction sincère[b]. On peut retrouver là aussi certains traits du fascisme.

---

a. Bâtiments souvent plus beaux et plus grands que ceux des rois !

b. Le récent roman d'Eugen Ruge[70] en donne une description remarquable et glaçante.

Signalons enfin une religion artificielle propagée par Robespierre : voir le décret du 18 floréal an II (7 mai 1794), par lequel « le peuple français reconnaît l'existence de l'être suprême et l'immortalité de l'âme ». Machine de guerre à la fois contre le christianisme et l'athéisme, s'appuyant sur le culte de la raison dans la tradition des Lumières, elle fera long feu.

Sur la propagation

Chez les Anciens, la prolifération de toutes les nouvelles (vraies ou fausses) était matériellement limitée : elles devaient être colportées oralement et, plus tard, transcrites par des scribes sur des tablettes de terre cuite. Puis viendra le tour des copistes sur des parchemins consultables dans des bibliothèques. L'invention de Gutenberg va ensuite modifier la donne. Il n'empêche qu'il n'était pas possible à tout un chacun de contribuer à cette diffusion : l'impression d'un livre restait encore coûteuse et prenait du temps. On dit que l'impression de la première Bible, tirée à 180 exemplaires, aura nécessité de 8 à 21 mois. Mais à la main, pour une Bible, il fallait auparavant au copiste trois ans…

Néanmoins, l'imprimerie va permettre un développement fantastique de la culture avec les nouvelles « vraies » de la science. Mais en même temps donner une résonance mondiale aux fausses et aux mythes (la Genèse de la Bible est certainement le texte le plus diffusé au monde), voire à des écrits crapuleux. On songe, bien sûr, aux 80 millions d'exemplaires de *Mein Kampf* et, dans une moindre mesure, aux centaines de milliers du *Protocole des sages de Sion*.

L'apparition de l'internet, des *big data* et de l'IA marque une révolution tout aussi considérable. Non seulement tout individu peut maintenant avec peu de moyens financiers (et intellectuels !) donner son opinion, mais espérer la propager instantanément partout dans le monde entier. À tel point que si une partie des émissions de la télévision et de la radio est consacrée à la diffusion des *fake news*, une grosse partie est occupée à les combattre. Inversement, riche de ces milliards de données sur les réseaux, tout internaute peut tenter de se forger une opinion. C'est le fameux rôle des réseaux[a]. Comment alors séparer le bon grain de l'ivraie ? Prenons trois exemples au hasard :

– Si vous cherchez à vous documenter sur l'auriculothérapie[b], vous trouverez plus de 20 000 sites, dont pratiquement aucun ne vous signalera son inefficacité.

– Si vous voulez vous faire une opinion sur l'homéopathie, vous trouverez, encore au 26 janvier 2022, plus de 7 millions de résultats, à peu près tous dithyrambiques quant à ses vertus[c]. Notons que la première référence est encore le texte officiel du ministère de la Santé du 10 novembre 2016, qui est d'une neutralité affligeante.

– Si vous ignorez ce qu'est l'énergie libre (qui est une grandeur thermodynamique utilisée par les physiciens, comme la température ou la pression), l'écrasante majorité de ses 14 000 références vous renvoie à une escroquerie pure et simple : un moteur délivrant un mouvement perpétuel.

Il y a plus grave : la confiance accordée par certaines autorités officielles au nombre de citations pour évaluer la valeur d'un travail. Frédérique Vidal déclarait le 13 septembre 2021 : « La France est une grande nation scientifique : parmi les dix publications scientifiques les plus citées au monde pendant cette crise, deux étaient françaises »…

a. Il est amusant de constater que bien des politiciens en manque de crédibilité utilisent ces réseaux, pourtant principaux vecteurs de *fake news*, comme gage de leur sincérité.

b. Espèce d'acupuncture pratiquée sur l'oreille parce que sa forme évoque celle du fœtus. N'a jamais prouvé son intérêt thérapeutique.

c. Dans ce concert, il faut saluer l'exception notable de Wikipédia

Nous ne savons pas si Mme la ministre a comptabilisé les publications sur hydroxychloroquine, mais rien de tel qu'un article sensationnel et faux. Il est doublement référencé d'abord pour son originalité, ensuite pour sa rétractation.

Fake news sociales et escroqueries

Il n'est pas exagéré de dire que l'histoire moderne des *fakes news* se confond largement avec l'Histoire tout court. En effet, la constitution des grands empires de l'Antiquité s'est peu embarrassée de justifications morales, même si les dieux pouvaient à l'occasion être convoqués. Plus tard, il a fallu que les interventions militaires soient moralement fondées. En Europe, à la Renaissance, il s'agissait de faire connaître la vraie religion aux indigènes des Amériques ; au XIXe siècle, c'était plutôt, à quelques exceptions près[a], les bienfaits de la civilisation qu'il s'agissait d'exporter. Aujourd'hui, même si Dieu est encore invoqué, les citoyens sont enrôlés sur la base de la « défense de la démocratie ».

Sur le terrain diplomatique, les *fake news* serviront souvent de prétextes – plus ou moins fondés – aux interventions militaires. En voilà une liste non exhaustive :

– l'expédition militaire en Algérie (il fallait venger le coup d'éventail donné au consul de France par Hussein en 1827), prélude à la colonisation ;

– en 1850, le massacre de Yenghebane dans le nord de la Grande Terre en Nouvelle-Calédonie de plusieurs officiers et hommes d'équipage de la corvette française *L'Alcmène*, envoyée en mission

a. Les autorités britanniques ne semblent pas avoir eu de tels scrupules concernant la répression en Irlande dans la deuxième moitié du XIXe siècle.

de reconnaissance pour étudier la possibilité de l'installation d'un bagne, fournit un prétexte à Napoléon III ;

– le 8 octobre 1856 avec « l'incident de l'*Arrow* », c'est le déclenchement de la deuxième guerre de l'Opium[a], avec comme but de contraindre les Chinois à ouvrir leur marché à l'opium britannique ;

– l'intervention en Cochinchine pour protéger les chrétiens (1858) ;

– la dépêche d'Ems (télégramme réécrit par Bismarck), prélude à la guerre de 1870 ;

– en septembre 1939, l'attaque d'une station de radio allemande par des Polonais, prétexte à l'intervention nazie ;

– les incidents du golfe du Tonkin (1964), prétexte à l'intervention US au Vietnam ;

– et, plus récemment, le plan « Fer-à-cheval », faux élaboré en 1999 par les services allemands[b] pour justifier les bombardements de l'OTAN en Yougoslavie ;

– l'invention des armes de destruction massive en Irak (2003), prétexte à l'invasion de ce pays. Cette intervention militaire dont les conséquences dramatiques se font encore sentir, a été accompagnée d'une quantité de *fake news* rarement égalée[c] ;

– l'intervention en Libye pour protéger Misrata contre une colonne de Khadafi, en 2011 ;

---

a. À ne pas confondre avec la guerre à l'opium, une variante nettement plus morale de l'intervention des puissances occidentales !

b. Voir l'article de Serge Halimi et Pierre Rimbert, « Le plus gros bobard de la fin du XXe siècle », dans *Le Monde diplomatique* d'avril 2019.

c. Comme, par exemple, l'affaire des couveuses d'une maternité débranchées par les soldats de Saddam Hussein. L'« infirmière » à la source de cette information s'appelait Nayirah al-Ṣabaḥ et était la fille de l'ambassadeur du Koweït à Washington Saud bin Nasir Al-Sabah.

– l'intervention au Mali pour protéger Bamako (2013) contre une colonne djihadiste ;

– enfin, parmi les *fake news* aux lourdes implications, mentionnons la qualification de « fasciste » du régime ukrainien et son « génocide » de la population russe pour justifier l'intervention de Poutine. À l'égal des armes de destruction massive imputées à Saddam Hussein, ces *fake news* vont contribuer à changer durablement la donne mondiale. Ces deux *fake news* ont – hélas –interagit : si, en dehors de l'Europe, une fraction significative de l'opinion suit plutôt les mensonges de Poutine, c'est qu'elle a été échaudée par ceux de l'administration nord-américaine.

Sur le terrain politique maintenant, la liste est gigantesque. Parmi les plus fameuses, on peut mentionner :

– la donation de Constantin. Faux datant du IVe siècle, par lequel l'empereur Constantin Ier était censé donner au pape Sylvestre *l'imperium* sur l'Occident. La papauté s'en servit à partir de la fin du Ier millénaire pour justifier ses prétentions territoriales et politiques[a] ;

– les photomontages d'Appert représentant les « horreurs » de la Commune. Photos de studio qui ont longtemps illustré les livres d'histoire pour l'édification de la jeunesse ;

– l'affaire Dreyfus, capitaine juif, accusé de trahison sur la base d'un bordereau qu'on lui a faussement attribué. Elle va déclencher une bataille terrible entre dreyfusards et antidreyfusards, laquelle s'est terminée en 1906 par la réhabilitation du capitaine ;

– « le protocole des sages de Sion » est une légende probablement inventée en 1903 par la police secrète du tsar. Il expose le plan

---

a. La démonstration de sa fausseté, en 1440, par l'humaniste Laurent Valla est généralement considérée comme l'acte fondateur de la critique textuelle (herméneutique).

de conquête du monde par les Juifs (et les francs-maçons). Traduit en plusieurs langues (français, allemand, arabe, tchèque), il a été diffusé par millions à l'échelle internationale ;

– l'incendie du Reichstag, qui a ravagé le siège du Parlement allemand en 1933. Il servira de prétexte à Hitler pour dénoncer la responsabilité des communistes et déclencher la chasse aux sorcières correspondante ;

– les procès de Moscou. De 1936 à 1938, trois procès intentés aux anciens cadres bolcheviques leur reprochant, sur la base de faits purement imaginaires (et grotesques), le sabotage du pays. Ils seront suivis par les procès de Prague de 1952, de la même teneur ;

– le charnier de Timisoara découvert en décembre 1989 et qui a soulevé l'indignation contre la dictature de Ceausescu en Roumanie et dans le monde entier. C'était un faux créé à cette fin par l'opposition, qui avait transporté de vieux cadavres de la morgue. Cette *fake news* sera ensuite passablement utilisée pour décrédibiliser de vrais massacres ;

– les élucubrations sur les attentats du 11-Septembre, bien détaillées dans le livre sobrement intitulé *L'Effroyable Mensonge. Thèses et foutaises*[22]. Y sont décortiquées, en particulier, les affabulations de ceux qui, comme Thierry Meyssan, affirment qu'aucun Boeing ne s'est jamais écrasé sur le Pentagone et que cette *fake news* résulterait d'un complot « judéo-maçonnique ».

Fake news « scientifiques »

Enfin, sur le terrain scientifique, la liste est également bien fournie. Elle a été largement documentée ; un tout petit échantillon, complété dans la préface de Guillaume Lecointre, se trouve dans les références [5, 24, 51, 60]. Et pourtant, c'est là que les *fake news* devraient être *a priori* les plus difficiles à propager, puisque c'est le domaine de la démonstration, qui est un moyen de séparer – en principe – le vrai du faux. Ce moyen est très difficile à contourner en mathématiques, aussi les *fake news* y sont-elles très rares ; mais à l'autre bout de la chaîne, en biologie où l'établissement de la preuve est plus délicat et les intérêts plus grands, elles pullulent. Écartons d'abord quelques tricheries pures et simples.

L'homme de Piltdown

C'était au début du XXe siècle une supercherie qui a associé une mandibule de singe à un crâne d'homme moderne. Cette « découverte » devait être celle du chaînon manquant de la lignée humaine. Elle ne sera définitivement démasquée qu'en 1959.

The Bell Curve. Intelligence and Class Structure in American Life

C'est un livre qui a paru en 1994, écrit par le psychologue Richard J. Herrnstein et le politologue Charles Murray. Les quotients intellectuels (QI) des Blancs et des Noirs y sont répartis sur deux courbes gaussiennes distinctes (courbes en cloche). Les QI moyens des Blancs seraient supérieurs et expliqueraient leurs positions privilégiées dans la société. Races et QI seraient donc fortement corrélés. Cette thèse « scientifiquement » raciste s'est trouvée confortée par Cyril Burt, un savant renommé et conseiller à l'éducation en Grande-Bretagne qui a procédé à une étude « scientifique » de l'évolution de paires de jumeaux monozygotes évoluant dans des milieux différents pour prouver ainsi le peu d'influence du milieu. Le QI serait donc bien héréditaire. Mais, hélas pour ses partisans, ses données étaient soit inexistantes, soit truquées. Stephen Jay Gould en a fourni une analyse détaillée[38].

Un semi-conducteur organique

Il a été inventé – dans tous les sens du terme – par Jan Hendrik Schön. En 2001, ce physicien réputé et prolifique (un article par semaine[a]) a prétendu remplacer le silicium des transistors par des composants organiques, ce qui aurait permis un gain fantastique de dimension et de vitesse de calcul. C'était malheureusement trop beau pour être vrai : ses données étaient trafiquées et, en 2004, l'accusation de fraude a été établie.

L'expérience du *Nautilus*

Un très bel exemple de *fake news*, diffusé en 1959, à propos de la première navigation subpolaire d'un sous-marin atomique nord-américain. Cette histoire a été sans conséquences, mais a eu le mérite de mettre en évidence certains trucs des producteurs de *fake news*.

À la une du n° 509 (février 1960) de *Science et vie*, on pouvait lire, sous la photo d'un sous-marin, la légende suivante : « Étrange expérience à bord du *Nautilus* ». Le *Nautilus* a été le premier sous-marin à propulsion nucléaire des États-Unis. La revue a rendu compte d'un essai de télépathie entre deux expérimentateurs lors d'une plongée sous la banquise du pôle Nord : l'un totalement isolé à bord du submersible, l'autre resté à terre. On s'est alors aperçu qu'une part significative de tirages de cartes faits à bord coïncidait avec ceux tirés à terre. Relayée dans bien des médias, l'affaire a évidemment fait grand bruit et on dit même qu'elle aurait poussé les Soviétiques à tenter de répéter l'expérience. Bien entendu, à cause du secret militaire, on ne pouvait pas en savoir plus.

Pourquoi, et quelle que soit notre croyance ou non à la télépathie, cette histoire était-elle *a priori* invraisemblable ? Parce

---

a. Presque aussi prolixe que le Pr Raoult !

qu'avant de se lancer dans une expérience aussi compliquée et coûteuse, on aurait pu simplement mettre les deux expérimentateurs dans deux pièces séparées et examiner les résultats. Ensuite seulement, on aurait pu utiliser le sous-marin. Or la seule réalisation de l'expérimentation avec le *Nautilus* donnait à penser que déjà la simple vérification avait eu lieu de façon concluante. Bien entendu, l'affaire se dégonflera très vite.

Les avions renifleurs

C'est l'histoire d'une escroquerie incroyable qui a duré de 1975 à 1979, couverte par le secret d'État et révélée – enfin – en 1983 par le *Canard enchaîné*. Elle a impliqué à différents titres un assemblage hétéroclite d'aigrefins, de barbouzes, de banquiers et d'hommes politiques (Antoine Pinay, Raymond Barre, Valéry Giscard d'Estaing). Elle a coûté au contribuable un milliard de francs 1980 (soit environ un demi-milliard d'euros actuels). Sans compter le ridicule.

En mai 1976, Elf Aquitaine (entreprise publique) signe son premier contrat avec deux inventeurs totalement inconnus jusque-là : un certain Aldo Bonassoli (agriculteur italien) et Alain de Villegas (aristocrate belge). Ils prétendent disposer d'un appareil capable depuis le ciel de détecter des gisements de pétrole. Secoué par le premier choc pétrolier de 1973, Elf y voit une aubaine. Les premiers essais effectués en mer d'Iroise confirment le fonctionnement de la chose. (En fait, nos inventeurs avaient introduit dans le récepteur la localisation des gisements déjà repérés par les prospecteurs d'Elf.)

Ayant convaincu les autorités de l'intérêt commercial et militaire[a] de leur invention, nos deux compères ont réussi à imposer le secret le plus absolu sur elle ; ce qui va assurer sa durée, bien que

a. Cerise sur le gâteau : l'appareil permettait aussi de localiser les sous-marins adverses.

personne ne sût comment ça marchait. On dit qu'à la fin, Giscard d'Estaing aura des doutes, doutes qui deviendront des certitudes après qu'un physicien du CEA, Jules Horowitz, a confondu les deux escrocs par une expérience simple : une règle placée derrière un mur que l'appareil devait détecter donnait la même image même quand elle avait été préalablement cassée en deux[a] ! Pourquoi n'avoir pas fait cette vérification aussi élémentaire[b] plus tôt ?

La morale de cette histoire ? C'est la combinaison du croire vrai ce qu'on a très envie de croire, l'influence délétère de la recherche secrète, c'est-à-dire non soumise au contrôle de la communauté scientifique, et enfin la faible culture scientifique de nos élites, qui ont cru à une espèce de radiation mystérieuse et non définie.

Des exemples significatifs

Les rayons N

En 1895, Röntgen, l'Allemand, a découvert les rayons X, qui pénétraient à travers la matière, et effectué les premières radiographies. Mais – Dieu soit loué pour la science française ! – en 1903, le Pr Blondlot de la faculté de Nancy découvrait un autre rayonnement tout aussi mystérieux et autant capable de traverser la matière opaque. Il le baptisera « rayons N », en l'honneur de la ville de Nancy.

Il faut se souvenir du climat chauvin de l'époque, où la France avait perdu l'Alsace-Lorraine[c]. Ce sera le prélude à l'opposition Science française contre Science allemande, dont le grand scienti-

a. Ce qui rappelle la démystification des rayons N du Pr Blondlot.

b. On assistera à la même naïveté de ne pas commencer par des vérifications élémentaires lors de l'expérience de la transmission de pensée sur le *Nautilus*.

c. L'affaire Dreyfus ne s'était pas encore achevée.

fique Duhem se fera le propagandiste. Pourquoi aurait-on mis en doute cette découverte ? Après tout, Becquerel venait également de découvrir les mystérieux « rayons uraniques » et le Pr Blondlot jouissait d'une réputation méritée (récipiendaire en 1893 et 1899 de deux prix de l'Académie des sciences). Comment douter du sérieux de cet imposant professeur d'université ?

Malgré l'extravagance de ses résultats, rares seront les doutes émis du côté français (mais pas du côté allemand) pendant plus d'un an. Mais voilà, les expériences n'étaient pas – ou peu – reproductibles. Et pire : un certain Robert Wood, un Américain (donc un « mauvais Français » !), va piéger Blondlot en remplaçant un morceau d'acier censé émettre des rayons N par un matériau insensible, sans pour autant modifier la détection des rayons N que ce dernier persistait à voir[a] !

L'affaire s'est donc terminée en 1906, sauf pour Blondlot, qui continuera à y croire jusqu'à sa mort. Personne ne pense que Blondlot ait triché, mais il faut observer que l'œil était l'instrument de mesure principal, et il faut tenir compte de la fragilité de toutes les mesures qui font appel à la physiologie, ici les variations d'éclat de la flamme d'une bougie. Il faut noter que cette « découverte » va en entraîner bien d'autres, tout aussi fantaisistes, comme l'émission de rayons N par les êtres vivants.

Les remèdes du Pr Raoult

La terrible pandémie de la Covid-19 va susciter à la fois un succès scientifique remarquable (le séquençage en un temps record du virus et la fabrication de vaccins) et une forme d'aveuglement d'une – bonne – partie de la communication publique, voire scientifique.

a. On notera que l'escroquerie des avions renifleurs avait été démasquée par un procédé analogue.

Cet épisode qu'on peut heureusement considérer comme – presque – terminé[a] cristallise à peu près tous les items que nous allons détailler (voir plus loin) et qui font la popularité des *fake news* :

1. le pari de Pascal : même si la probabilité de succès du traitement est faible, ce dernier vaut toujours mieux que le non-traitement, puisqu'il ne coûte rien ;
2. une démonstration hasardeuse issue de petites statistiques comparant les mortalités à l'IHU de Marseille et à Paris ;
3. la régression vers la moyenne (c'est-à-dire le dépérissement spontané de la maladie) ;
4. du faux abondamment noyé dans du vrai ;
5. l'autorité du professeur « aux 3 500 publications internationales et au QI de 180 »[b] ;
6. la méfiance envers les élites, la croyance au complot.

Sans reprendre l'abondante littérature consacrée à ce sujet (voir en particulier la réf. [20] et surtout l'avis du Comité d'éthique du CNRS[c]), développons brièvement les quatre premiers points.

1. Il n'est d'abord pas vrai que la prescription de l'hydroxychloroquine soit sans effets négatifs sur le patient, même si ces derniers ont souvent été exagérés[d]. Mais, surtout, quelles auraient été les

---

a. Significatif : la une du supplément du *Parisien* daté du 10 décembre 2021 titrait : « Pr Raoult, la chute d'un gourou ».

b. L'argument d'autorité est employé ici de manière plutôt originale : au lieu de se référer à des sommités extérieures indiscutables, le Pr Raoult s'est autoréférencié.

c. Avis n° 2021-42, « Communication scientifique en situation de crise sanitaire : profusion, richesse et dérive ».

d. Il est amusant de voir que la décision du ministre de la Santé, Olivier Véran, de bannir enfin l'usage de l'hydroxychloroquine a été néanmoins prise sur la base d'une étude bidonnée de la prestigieuse revue *The Lancet* qui en exagérait les dangers !

conséquences de ce traitement inefficace si, au détriment d'une recherche sérieuse de médicaments ou de vaccins, il avait été appliqué en masse dans les pays peuplés de centaines de millions d'individus comme le Brésil ou les États-Unis. On appréciera le fait que Trump ou Bolsonaro, pourtant ardents défenseurs de l'hydroxychloroquine aient évité de se l'appliquer à eux-mêmes, tout en le préconisant pour les autres, quand eux-mêmes sont tombés malades.

2. Le Pr Raoult a eu vis-à-vis des statistiques une attitude à géométrie variable. À ceux qui lui reprochaient la trop petite quantité de ses données, il a opposé avec superbe que Galilée et Newton ne faisaient pas de statistiques. Certes, mais Galilée a multiplié les expériences sur le plan incliné et Newton rendait parfaitement compte de la trajectoire des planètes. C'est qu'eux disposaient d'une théorie de la chute des corps alors que Raoult (ni personne) n'en avait de la propagation du virus (voir l'article de Samuel Alizon[2] qui en analyse les difficultés). Et dans ces conditions, les bons arguments ne peuvent provenir que de bonnes statistiques. En particulier, avec échantillons témoins comparables qui seuls permettent de conclure à une efficacité non biaisée du traitement (étude dite « randomisée »). Pire, dans le premier essai portant sur 27 patients, 6 ont été exclus de la statistique (morts ou gravement malades). Tout cela rendait l'étude initiale de Raoult totalement non concluante.

   Et pourtant le Pr Raoult recevra pendant un certain temps l'onction de bien des personnalités. Citons pèle mêle, avec des degrés divers d'engagement, de durée et de conviction : Emmanuel (et Brigitte) Macron, Bruno Retailleau, Valéry Pécresse, Éric Ciotti, Renaud Muselier, Christian Estrosi, Gilbert Collard, Philippe Douste-Blazy, Marine Le Pen, Nicolas Dupont-Aignan, Bernard Arnault, les frères Bogdanov, Luc Ferry et, bien entendu, l'inévitable Prix Nobel Luc Montagnier. Et cette liste est loin d'être exhaustive. Il serait peut-être plus court d'énoncer la liste des personnalités qui ne l'ont pas soutenu ! Notons que, pour des raisons de détestation du « politiquement correct », Michel Onfray, Bernard-Henry Lévy ou Jean-Luc Mélenchon se joindront – un temps seulement – à ce chœur.

La probabilité de mourir de la Covid-19 doit avoisiner les 0,05 % au niveau national (rapport du nombre – estimé – de morts du virus à la population totale française). Les grandes fluctuations d'origine purement statistique sont alors inévitables et peuvent ne rien indiquer de significatif quand on en cherche les causes suivant les traitements ou les régions. De plus, comme souvent en médecine, les facteurs de confusion[a] abondent. Il en va de même pour l'évaluation de l'efficacité des traitements, puisqu'il s'agit d'une maladie qui régresse spontanément dans l'immense majorité des cas. On est alors encore confronté à la difficile interprétation d'événements rares, puisque la Covid-19 tue peu.

Il y a, de ce point de vue, une inversion stupéfiante dans le raisonnement du Pr Raoult. À ceux qui critiquaient la pauvreté de ses statistiques, voici ce qu'il a déclaré au cours de son audition par la commission de l'Assemblée nationale le 24 juin 2021 :

> « *Erreur radicale : moins il y a de gens quand c'est significatif et plus c'est significatif ; quand vous êtes obligé d'avoir 10 000 essais pour montrer que c'est significatif, c'est qu'il n'y a aucune différence [...]* »

Effectivement, à chaque fois qu'un phénomène est manifeste, c'est-à-dire avec une forte probabilité d'être réel, une statistique misérable suffit pour le mettre en évidence, mais la réciproque est évidemment grotesque : une statistique pauvre ne rend pas

a. C'est-à-dire la survenue d'événements qui se produisent un peu avant ou en même temps, mais qui n'ont aucun lien direct ou causal avec l'étude.

une démonstration plus manifeste ! La mortalité due à la Covid-19 étant faible, la mesure de l'efficacité des remèdes du Pr Raoult ne pourrait être établie que par des cohortes importantes testées en double aveugle[a]. Manifestement, le Pr Raoult n'aura retenu de Feyerabend, qu'il aime à citer, que le titre de son ouvrage : *Contre la méthode.*

3. La régression vers la moyenne. C'est ici faire dépendre d'une cause externe (l'hydroxychloroquine) ce qui est un résultat purement statistique : la guérison spontanée. Voilà pourquoi le Pr Raoult insistait lourdement sur le fait que son médicament réussissait d'autant mieux que le malade était traité précocement. Bien entendu, avec ou sans hydroxychloroquine, il s'en serait, en général, sorti.
4. Du vrai dans ses propos ? La dénonciation de la lourdeur et de l'inefficacité de la bureaucratie d'État. Ses mensonges et son incapacité à tester, le poids des lobbys pharmaceutiques et des mandarins. N'est-il pas vrai que les labos pharmaceutiques, et souvent avec la passivité – voire la complicité – des pouvoirs publics, cherchent avant tout la maximisation de leurs profits ? Enfin, il est vrai que la grande réactivité de l'IHU de Marseille sur les masques ou sur les tests a clairement contrasté avec l'inertie ambiante des pouvoirs publics.

   Les illusions – voire la propagande – concernant les vertus curatives de l'hydrochloroquine[72] du Pr Raoult propagées par des personnalités comme celles que nous avons citées[b] illustrent

---

a. Pour éviter tout biais de confirmation, malades et médecins ignorent si la potion administrée est ou non un *placebo*.

b. Douste-Blazy a même fait circuler une pétition qui a recueilli près de 500 000 signatures en faveur de l'hydrochloroquine. N'est-ce pas le comble d'un souci démocratique que de faire voter par référendum l'efficacité d'un traitement ? Il s'en excusera par la suite.

parfaitement la quasi-totalité de les mécanismes que nous avons énumérés.

La faute de Raoult n'est certainement pas de s'être lancé, vu l'urgence, dans un essai sans base théorique suffisante, mais d'avoir conclu sans preuve, puis de s'être entêté. Plus grave, il est maintenant accusé d'avoir manipulé des données[a].

On a ainsi connu à Marseille, à une petite échelle et sur un temps très court, une mini-expérience de création d'une nouvelle religion, en tout cas d'une nouvelle secte[17]. Avec son gourou, ses miracles et sa captation de personnalités[b].

Nous laisserons enfin de côté les prophéties infondées et inutiles « à la Élisabeth Tessier ». Par exemple, le 21 janvier 2020, sur la chaîne YouTube de l'IHU, Didier Raoult a relativisé la portée de la pandémie de maladie à coronavirus en affirmant :

> *« Il y a trois Chinois qui meurent et ça fait une alerte mondiale. L'OMS s'en mêle, on en parle à la télévision et à la radio. Tout cela est fou, il n'y a plus aucune lucidité. »*

Notons finalement que le Pr Raoult lui-même a semblé récemment[c] mettre de l'eau dans son vin en ravalant son hydroxychloroquine au rang des traitements possibles, comme l'ivermectine, la cyclosporine ou même la vaseline dans le nez.

---

a. Voir l'article de Pascale Pascariello dans le *Mediapart* du 19 novembre 2021 : « Les équipes de Didier Raoult dénoncent les falsifications de leur patron sur l'hydroxychloroquine »

b. Voir, par exemple, l'article « Une exploration de la "Raoult sphère" sur Facebook » de William Audureau et Assma Maad paru dans *Le Monde* du 3 juillet 2020.

c. Voir son interview du 3/8/21 : « Il n'y a pas de thaumaturge ! », publié dans le *Bulletin d'information scientifique de l'IHU Méditerranée-Infection*.

Aux grandes épidémies, les grands mirages

Même sur une échelle plus réduite, l'épidémie de sida aura suscité le même engouement pour un faux traitement. C'est l'aventure de la cyclosporine, un médicament bien connu, employé contre le rejet de la greffe d'organe. En octobre 1985, trois médecins français, dont le très titré Pr Philippe Even, annoncent avoir découvert un traitement du sida. Encouragée par la ministre de la Santé de l'époque, Georgina Dufoix[a], la nouvelle a suscité un énorme espoir. Las ! L'expérience menée sur moins d'une dizaine de patients se terminera par la mort rapide des trois premiers. Le parallèle avec les méthodes du Pr Raoult est frappant : une expérimentation menée en dehors des instances et des pratiques usuelles, justifiée par l'urgence de la situation, une conclusion tirée d'une statistique dérisoire et même l'appui d'un Prix Nobel de médecine : M. Rolf Zinkernagel. Voici ce qu'ont déclaré nos trois médecins devant les 300 journalistes présents à leur conférence de presse :

> *« Compte tenu de la force de notre hypothèse, on a pensé que, éthiquement, on ne pouvait pas continuer à garder un secret pour marcher selon les lois de la déontologie scientifique habituelle. »*

Les frères Bogdanov

Les frères jumeaux Igor et Grichka ont peut-être été les animateurs de télévision les plus populaires. En témoigne cette liste impressionnante tirée de Wikipédia :

1976-1978 : Un sur cinq (Antenne 2)

1979-1982 : Temps X (TF1)

1982-1983 : 2002 – L'Odyssée du Futur (TF1)

1983-1987 : Temps X (TF1)

---

a. Il faut se rappeler que cette ministre de la santé, adepte des médecines douces, a fait obtenir le remboursement des produits homéopathiques.

1989-1990 : Futur's (TF1)

1999-2002 : Projet X 13 (13e Rue)

2002-2007 : Rayons X (France 2)

2007 : Century City (Syfy)

2008 : Science X (France 2)

2009 : Ils ont marché sur la Lune (TV5 Monde)

2009 : Science 2 (France 2)

2010 : Les enfants de Temps X (Syfy)

2010-2011 : À deux pas du futur (France 2)

2015-2016 : Fort Boyard (France 2)

À partir de 2015 : Les Grosses Têtes (RTL)

2017 : Touche pas à mon poste ! (C8).

Ils ont été aussi les plus gros esbroufeurs intellectuels[a]. Un très bon résumé de leur carrière a été écrit par l'astrophysicienne Suzy Collin-Zahn[19]. Comme Élizabeth Tessier avant eux, ils ont joui de relations et d'amitiés politiques (Mitterrand pour la première, Sarkozy et Luc Ferry pour les jumeaux) et ont réussi à passer miraculeusement des thèses d'État jugées sans valeur par l'écrasante majorité de la communauté scientifique. Un rapport accablant du CNRS a été rendu en 2003 et est resté longtemps confidentiel[b]. En voici quelques morceaux choisis[c] :

---

a. Même si certains jeunes, séduits par le *look* de leurs émissions, se sont intéressés aux sciences.

b. Notons qu'avec les meilleurs avocats, les jumeaux se sont longtemps battus pour la stricte conservation de ce secret. Plainte contre *Marianne*, contre *Ciel et Espace*, condamnation de l'astrophysicien Alain Riazuelo.

c. « Les jumeaux Bogdanov étrillés par le CNRS», par Jonathan Parienté dans le blog « En quête de sciences » publié dans le *Monde* du 16 octobre 2010.

Rapport de la section 01 Mathématiques sur la thèse de M. Grichka Bogdanov

« Les éléments de la première partie de la thèse sont rédigés avec une grande naïveté et des erreurs qui montrent la méconnaissance de l'auteur pour un sujet qui est enseigné en maîtrise de mathématiques. Le deuxième chapitre continue dans le même style. (...) Cette construction, qui a le niveau d'un exercice d'école sur les groupes quantiques comme on peut en trouver dans bien des mémoires de maîtrise ou de DEA (pour lesquels cependant une qualité de rédaction très supérieure est exigée), est donc le seul contenu mathématique de la thèse. »

Rapport de la section 02 Physique sur la thèse de M. Igor Bogdanov

« Les auteurs du rapport proposent une "analyse détaillée" et commentée de chaque partie de la thèse d'Igor Bogdanov de laquelle il ressort que la "valeur de ce travail est nulle" ainsi qu'une "totale méconnaissance du sujet". Et le rapport de lister les approximations, imprécisions, définitions manquantes, etc : "l'usage d'affirmations floues est si fréquent qu'on est tenté d'y voir un procédé de camouflage de l'absence de réels arguments". »

Dernier exemple. En quatrième de couverture de leur livre sobrement intitulé *L'Équation Dieu*, on peut lire :

« Que diriez-vous si l'on vous apprenait que l'un des plus grands mathématiciens de l'histoire, Bernhard Riemann, avait découvert, en 1859, une mystérieuse

formule qui, selon ses propres mots, "indiquait le chemin qui mène vers Dieu" ?

Son nom ? "L'hypothèse de Riemann", ou fonction zêta. Elle figure en tête de liste des sept problèmes du prix du millénaire - un ensemble de défis mathématiques réputés insurmontables. Et, malgré des efforts acharnés, personne n'a encore été capable d'en percer le mystère.

Que cache cette impénétrable fonction ? S'agit-il du Graal dans lequel seraient enfouies les ultimes réponses aux questions que chacun se pose sur le sens de la vie ? Une clef permettant de comprendre que la naissance de l'Univers n'est pas le fruit du hasard ?

Fascinés depuis toujours par l'hypothèse de Riemann, Igor et Grichka Bogdanov nous plongent au cœur de cette éblouissante énigme mathématique. Une énigme qui pourrait bien confirmer que notre existence repose sur un ordre profond, tracé par Dieu sous la forme d'une équation. »

Les auteurs - Igor et Michka Bogdanov :

« Igor Bogdanov est diplômé de l'École des hautes études en sciences sociales et Docteur en physique théorique. Grichka Bogdanov est diplômé de l'Institut d'études politiques de Paris et Docteur en mathématiques. Ils occupent actuellement la chaire de cosmologie à l'université Megatrend des sciences appliquées de Belgrade. »

Voilà une très jolie illustration de la méthode Bogdanov fondée sur le bluff.

1. L'hypothèse de Riemann est une conjecture de mathématiques qu'évidemment aucun lecteur non mathématicien ne connaît. Elle suppose que les zéros d'une certaine fonction sont disposés sur la droite $x = 1/2$ du plan complexe. Sa démonstration aurait une importance dans l'analyse de la répartition des nombres premiers.
2. L'université Megatrend est une université privée de Belgrade. Elle ne comporte aucun département de mathématiques ou de physique où on pourrait enseigner de la cosmologie. En tout et pour tout, on ne mentionne sur Wikipédia (consulté en avril 2022) que :

   – trois enseignants : Igor et Grichka Bogdanof, suivis de Žarko Obradović[a] ;

   – comme ancienne étudiante : Jelena Janković, joueuse de tennis serbe ;

   – comme docteur *honoris causa* : Mouammar Kadhafi, homme d'État et idéologue politique libyen.

   Sans commentaires !

Mme Tessier, astrologue

Germaine Élizabeth Hanselmann, dite Élizabeth Teissier, a été l'astrologue française la plus populaire. Comme les frères Bogdanov, elle a multiplié les passages à la télévision et les chroniques dans la presse. Citons :

1975-1976 : Astralement vôtre ou Interlude astral, émission quotidienne sur Antenne 2 ;

1978-1979 : Au Bonheur des astres, émission hebdomadaire sur Antenne 2 ;

1979-1980 : La Légende des Ciels, émission hebdomadaire sur Antenne 2 ;

a. Président du Parti socialiste de Serbie.

1980-1983 : Astro Show, sur ARD, ORF et SF en Allemagne, Autriche et Suisse ;

De 1989 à 1995, elle enregistre plusieurs cassettes audio avec François Mitterrand qui seront diffusées sur *France Info* ;

Le 1er février 2003, elle devient l'astrologue en titre de l'hebdomadaire *TV Mag*, du groupe Figaro ;

Avril 1976 : publication de *Ne brûlez pas la sorcière (une défense de l'astrologie)*, chez J.- J. Pauvert ;

1977-2003 : rubrique astrologique du magazine *Télé 7 jours*.

Comme les frères Bogdanov, elle réussira l'exploit de passer une thèse universitaire de sociologie intitulée *Situation épistémologique de l'astrologie à travers l'ambivalence fascination-rejet dans les sociétés postmodernes* et qui sera soutenue en Sorbonne le 7 avril 2001 devant un jury présidé par le professeur Michel Maffesoli[a] et dont la composition mérite d'être donnée : Serge Moscivici[b], Françoise Bonardel, Patrick Tacussel sans oublier les absents excusés : Gilbert Durand et Patrick Watier.

La tenue de cette thèse qui visait en fait à une défense de l'astrologie a suscité une condamnation de presque toute la communauté universitaire (voir, par exemple, *Le Monde* du 14 mai 2001).

Nous n'allons pas reprendre sa thèse ; notons seulement qu'elle démarre très fort avec une *fake* citation d'Einstein :

> *« L'astrologie est une science en soi, illuminatrice. J'ai beaucoup appris grâce à elle et je lui dois beaucoup. »*

---

a. Sociologue très réputé dans les milieux post-modernes, hélas victime d'un joli canular.

b. Probablement l'intellectuel le plus connu de la liste. C'est un spécialiste de la psychologie sociale, de l'histoire des sciences, et membre de plusieurs académies.

Ces mots ont été souvent mis en avant par certains sites d'astrologie. Mais c'est un faux et un faux tout à fait invraisemblable pour qui connaît un tant soit peu la pensée d'Einstein. Le seul commentaire explicite connu de lui sur l'astrologie disait exactement le contraire, puisque Einstein a écrit[a] :

> « *L'astrologie est une pseudoscience et ce genre de superstition est si tenace qu'il pourrait persister pendant des siècles..* »

Faut-il citer l'annexe qui comportait le chapitre « Quelques preuves irréfutables [sic] en faveur de l'influence planétaire » ?

Voici l'argument essentiel de Mme Élizabeth Teissier :

> « *Leur conclusion [celle des opposants à l'astrologie] consistait à dire que les ressources prévisionnelles de l'astrologie ne dépassaient pas le hasard, à savoir une chance sur deux. Comme notre expérience nous avait donné des résultats très différents (environ 4 prévisions sur 5 avérées), nous n'étions pas prête à laisser l'astrologie malmenée.* »

En d'autres termes, elle nous dit : « Si je faisais mes prévisions au hasard, j'aurais une chance sur deux de me tromper. Or, dans 80 % des cas, je prévois correctement. Donc l'astrologie est justifiée. »

Soyons bons princes et acceptons sans discuter ces chiffres. La mystification n'est pas là ; elle est dans le fait que lorsqu'on ignore si un événement va ou non arriver, il n'est pas nécessairement vrai

a. Source : Von Florian Freistetter, Einstein und die Astrologie, dans une lettre du 7 janvier 1943 : « *I fully agree with you concerning the pseudo-science of astrology. The interesting point is that this kind of superstition is so tenacious that it could persist through so many centuries.* »

qu'il ait une chance sur deux de se produire ; le cas du tirage à pile ou face est exceptionnel. Quand vous prenez l'avion, deux possibilités encore : il peut y avoir (ou non) un accident. Mais qui croit que la probabilité d'un accident est de 50 % ?

Voici un exemple possible de prévision astrologique peu risquée que nous pouvons lui suggérer : « En plus de ses ennuis judiciaires, Édouard Balladur aura des ennuis de santé cette année. » Âgé de plus de 90 ans, c'est assez vraisemblable ! Avec de telles prévisions, il n'est alors pas difficile d'avoir 80 % de réussite.

Mais on peut aussi, hélas, se tromper, même en annonçant ce qui semblait une banalité presque certaine. Par exemple, à propos de Strauss-Kahn[a],

> « *depuis 2010, Pluton imprime un grand tournant dans son destin, qui se prolonge sur le printemps 2012. 2011 sera pour lui une année géniale. Peut-être un destin présidentiel.* »

Peut-être ? Mme Teissier ne s'est donc pas vraiment trompée !

L'affaire Lyssenko

L'affaire Lyssenko est certainement le plus bel exemple de ravages occasionnés par ladite « science prolétarienne ». Pendant près de trente années, la biologie et la génétique soviétiques, placées sous la férule d'un illuminé protégé du pouvoir, ont été littéralement paralysées par des théories ahurissantes. S'y opposer pouvait vous coûter la vie en URSS et une réputation détestable de partisan de la science « bourgeoise » en Occident, où les partis communistes étaient influents.

a. *Paris-Match*, décembre 2010.

Sur le plan « théorique » – si on ose dire –, Lyssenko va se revendiquer des travaux de Mitchourine, un botaniste et généticien russe, puis soviétique. Couvert d'honneurs par le nouveau pouvoir, ce dernier avait obtenu certains résultats sur les greffes avec une théorie qu'on qualifierait aujourd'hui d'épigénétique. Encensé par Staline, il a servi de mentor à Lyssenko.

À la mort de Mitchourine, Trofim Denissovitch Lyssenko va devenir le véritable Staline de la biologie soviétique. Il a couplé à des théories invraisemblables une répression sans pitié de ses opposants qui conduira, entre autres, le grand agronome Nicolaï Ivanovich Vavilov à la mort dans une prison. On trouvera de lui une biographie très détaillée chez Patrick Tort[77], dans Wikipédia et dans l'article de Walter Gratzer[42]. Sa grande invention était l'utilisation de la vernalisation[a].

Il n'était pas à une contradiction près, et même s'il pouvait, à l'occasion, se réclamer de Darwin, sa conception était que l'environnement jouait un rôle décisif qui se transmettait à la descendance.

Pourquoi le succès de cet imposteur ? Essentiellement parce que l'URSS voulait sortir des grandes famines de la terrible collectivisation des années 1930 qui a causé des centaines de milliers – voire, indirectement, des millions – de morts. Staline a donc voulu (faire) croire aux miracles annoncés par Lyssenko.

La réception du lyssenkisme, notamment en France, va ébranler[78] le PCF, qui, vu l'absence d'enthousiasme[b] de la majorité de ses scientifiques, se verra contraint d'en faire une défense seulement

a. Dont il n'était même pas l'auteur. C'était l'idée qu'une bonne utilisation du froid permettait une amélioration des rendement des récoltes. Cette idée avait déjà été expérimentée – mais sans succès – aux États-Unis en 1857.

b. On a, en particulier, noté la réserve de Marcel Prenant, biologiste réputé et membre du comité central du Parti communiste.

idéologique. Ce sera « science bourgeoise » contre « science prolétarienne ». On était sommé de choisir.

Mentionnons rien de moins que la découverte de l'origine de la vie par la biologiste soviétique Olga Lepechinskaïa, pâle copie de l'escroquerie de Lyssenko.

L'homéopathie, une mémoire sans neurones ?

Montrons seulement ici pourquoi le médicament homéopathique – s'il agit – le fait indépendamment de sa composition princeps.

Le préparateur dissout, disons, quelques grammes de substance dans un litre d'eau pure. Cette solution contient alors un nombre gigantesque : de l'ordre de 10 000 milliards de milliards (10^{22}) d'atomes de soluté[a].

Puis, pour fabriquer une dilution de 1 CH (centésimal hahnemannien[b]), le préparateur en prend 1 centilitre qu'il dilue dans un litre d'eau pure, qui contiendra alors en moyenne cent fois moins de molécules que le soluté initial, soit cent milliards de milliards (10^{20}). S'il répète encore une fois l'opération, il en reste un milliard de miliards. À chaque dilution, le nombre d'atomes restants est divisé par 100. Au bout de douze dilutions – et une dilution à 12 CH est usuelle –, un litre de la solution ainsi diluée contiendrait en moyenne $100 \times 100... \times 100$ (il y a 12 facteurs 100 qui se multiplient) fois moins d'atomes que la solution initiale, soit 1/100 d'atome[c].

---

a. On sait – maintenant – que 12 g de carbone contiennent sensiblement 610^{23} atomes. C'est le nombre d'Avogadro. C'est également, à quelques dizaines près, l'ordre de grandeur du nombre d'atomes contenus dans quelque grammes de n'importe quelle autre substance chimique.

b. Du nom de Samuel Hahnemann, médecin allemand et fondateur de la discipline.

c. Pour les matheux, le calcul est immédiat et donne $10^{22}/100^{12} = 1/100$.

Quel sens cela a-t-il ? On ne peut pas couper les atomes par dilution. Le sens est seulement statistique : la probabilité de rencontrer un atome initial dans la dernière dilution est de 1 %. En moyenne donc, 99 % des flacons n'en contiendront *aucun*. Et même si l'un d'entre eux en contenait par hasard un, comment distinguer *cet* atome actif des milliards d'autres qui traînent dans une solution, même ultra-purifiée ?

Hahnemann à son époque ignorait évidemment cette discontinuité de la matière. Citons-le [44] :

> *« Peu importe alors que l'atténuation aille jusqu'au point de paraître impossible aux médecins vulgaires, dont l'esprit ne se nourrit que d'idées matérielles et grossières.*
>
> *Qu'ils apprennent des mathématiciens qu'en quelque nombre de parties qu'on divise une substance, chaque portion contient cependant encore un peu de cette substance, que, par conséquent, la plus petite parcelle qu'on puisse imaginer ne cesse point d'être quelque chose, et ne devient pas rien ! Qu'ils apprennent des physiciens qu'il y a des puissances immenses qui n'ont pas de poids, comme le calorique, la lumière, etc., et qui, par cela même, sont infiniment plus légères encore que le contenu médicinal des plus petites doses de l'homéopathie ! »*

Qu'il ait encore cru au « calorique[a] », comme la plupart des savants de son temps, n'est pas choquant. En revanche, on voit mal comment l'invocation des mathématiques, qui peuvent abstraitement diviser un nombre à l'infini, peut aider à apprendre quelque chose sur la divisibilité *physique* de la matière.

---

a. Substance sans masse censée porter la chaleur datée de l'époque de Lavoisier.

Bien entendu, ce raisonnement suppose la théorie atomique, théorie que Hahnemann ignorait évidemment à son époque. En ce sens, le médicament homéopathique n'a donc rien à voir avec un vaccin qui contient réellement des agents infectieux inactivés.

Une histoire emblématique

Le cas de l'homéopathie est emblématique. Peut-on dire que celle-ci soit sans effet[a], puisque dépourvue de base scientifique ? Ce serait taxer d'irrationalité totale une bonne partie du genre humain : la médecine homéopathique est utilisée par des millions de personnes – surtout en France – depuis plus de deux siècles, comme la prière est pratiquée par des milliards de fidèles dans le monde depuis des millénaires. Au-delà de la chimie, il doit bien y avoir un effet réel.

Racontons brièvement l'histoire de l'homéopathie, pratique qui, comme nous l'avons vu, peut éventuellement soulager le malade, mais certainement pas grâce aux éléments que le médicament est censé contenir.

Cette histoire condense tous les ingrédients qui pimentent les rapports entre science et société. D'un côté, il y a l'attitude réputée bornée des scientifiques qui maintiennent que le « médicament » homéopathique est un *placebo* pour la bonne raison que – nombre d'Avogadro oblige – les dilutions homéopathiques ne contiennent finalement plus aucune molécule active. De l'autre, il y a, surtout en France[b], un public massif qui pratique cette médecine « douce » avec la bénédiction de nombreux médecins, parce qu'elle agit.

---

a. Le délicat problème de l'efficacité de la médecine homéopathique a été traité en détail dans la réf. [74].

b. C'est le seul pays où *toutes* les pharmacies arborent les inscriptions « Allopathie » et « Homéopathie ».

À l'époque où Hahnemann imaginait l'homéopathie, la médecine, contrairement à la chirurgie, était généralement impuissante (Molière l'avait amplement brocardée un siècle auparavant). Il n'est pas exagéré de dire que ses bases « théoriques » étaient encore *grosso modo* celles de la médecine du Moyen Âge. La justification de cette nouvelle thérapeutique se trouve dans l'affirmation de ce praticien que les maladies peuvent être traitées par l'ingestion – à très faible dose – de substances provoquant les mêmes symptômes. À l'époque actuelle, beaucoup l'assimilent au vaccin ou à du sérum. Le *hic* est, comme nous l'avons montré, qu'il ne reste plus de molécule active dans le médicament. Ce fait appelé « barrière d'Avogadro », évidemment inconnue de Hahnemann, constitue aujourd'hui une objection théorique fondamentale[a].

En matière d'homéopathie, la France a fait figure d'exception dans le monde. Tant en raison de la taille du marché, 620 millions d'euros et 20 000 médecins prescripteurs, qu'en raison de sa place dans le système de santé. La France était en effet le seul pays, en dehors de la Suisse, où les fameux granules étaient remboursées par la Sécurité sociale dès lors qu'elles étaient prescrites par un médecin. Notons qu'au 1er janvier 2021, ce remboursement a été supprimé.

Un élément explique en partie ce succès français d'une médecine pourtant allemande : l'épidémie de choléra qui a sévi au début des années 1830. Pour une des toutes premières fois, des statistiques sérieuses vont être tirées de l'étude des guérisons, et le résultat a été sans appel : les malades traités par la médecine usuelle mouraient beaucoup plus (59 %) que ceux traités par homéopathie (7 %). Ce très bon argument contre la médecine dite officielle va longtemps perdurer. L'explication en est simple : la médecine de

a. Objection qui ne serait pas nécessairement rédhibitoire si des preuves empiriques existaient en faveur du traitement : bien des médicaments ont été bénéfiques avant qu'on n'en élucide le raison[74].

l'époque traitait ses malades par des saignées, ce qui avait comme effet d'achever ces malheureux déjà affaiblis.

> L'histoire de la saignée est intéressante. Il faut savoir que sa pratique – extrêmement courante depuis au moins vingt siècles – reposait fondamentalement sur la « théorie » des humeurs viciées à éliminer (Hippocrate[a]). Sauf en de très rares cas, comme l'œdème aigu du poumon et l'hémochromatose (maladie génétique rare), elle n'aboutissait à *aucun* effet bénéfique et ne faisait qu'empirer l'état du malade. Ainsi, l'idée qu'une longue pratique est garante d'une certaine efficacité se révèle quelquefois fausse.

Une dernière remarque. L'argument généralement avancé par les homéopathes pour écarter les tests d'efficacité exigés pour tous les autres médicaments pour recevoir l'AMM[b] est le suivant : chaque malade étant unique, le traitement est toujours individuel ; aussi les tests en double aveugle sont-ils impossibles[c]. Soit, mais alors on peut se demander comment l'homéopathie peut être enseignée. Par ailleurs, on peut également s'interroger sur les possibilités de la recherche et donc de progrès dans cette voie.

Une histoire d'eau

C'est alors qu'est opportunément survenue l'affaire dite de la « mémoire de l'eau ». C'était littéralement une révolution dans les connaissances scientifiques. À tel point que *Le Monde* pouvait titrer le 30 juin 1988 : « Une découverte française pourrait bouleverser

a. De là l'expression, qui est restée : « être de mauvaise humeur ».

b. Autorisations de mise sur le marché.

c. Encore que des administrations successives de potion homéopathique et de *placebo* sur le même malade pourrait s'envisager. Ce qui s'est produit, mais accidentellement, puisque'on ne peut réaliser des cohortes de cas comparables.

les fondements de la physique » et lui consacrer ensuite plusieurs numéros.

En juin 1988, la prestigieuse revue *Nature*[9] publiait un article dans lequel le Dr Jacques Benveniste soutenait qu'une solution diluée au point de ne plus contenir de molécule de soluté conservait néanmoins une activité biologique (la dégranulation des basophiles). Tout se passait donc comme si l'eau se souvenait d'avoir jadis contenu un soluté maintenant disparu, évoquant pour ainsi dire une « mémoire de l'eau ». Un scientifique, et un scientifique de renom, ouvrait donc une brèche dans cette barrière d'Avogadro. Inutile de dire que les laboratoires Boiron, principal fabricant mondial de produits homéopathiques, s'y engouffrèrent[a].

Notons que, bien malgré eux, les laboratoires Boiron ont néanmoins effectué en 2007 une expérience en double aveugle et sur une grande échelle. Ci-joint un communiqué de la très officielle Agence nationale de sécurité du médicament et des produits de santé qu'il est inutile de commenter :

> *« L'Afssaps a été informée par les laboratoires Boiron d'une inversion d'étiquetage entre deux médicaments homéopathiques. Les flacons étiquetés « Teinture mère de* Gingko biloba *» contiennent de la teinture mère d'*Equisetum arvense*, et vice versa. Au plan de la toxicité, l'inversion d'étiquetage ne semble pas entraîner de risque particulier pour les patients. Par mesure de précaution, les laboratoires Boiron, en accord avec l'Afssaps, procèdent au retrait des lots concernés. […] À ce jour, aucun cas de pharmacovigilance n'a toutefois été rapporté à l'Afssaps avec ces deux produits. »*

a. Pour ensuite, élégamment, couper ses crédits quand l'affaire fit long feu.

La lettre suivante écrite par Georges Charpak[a] et Claude Hennion[b] résume bien toute l'affaire.

« Monsieur,

Nous avons en main votre lettre du 21 mai 1995 dans laquelle vous nous annoncez la réussite d'une dizaine d'expériences en aveugle, analogues à celles que l'un d'entre nous – Georges Charpak – a pu voir dans votre laboratoire en 1993.

Il nous semblait très probable que l'opération de transport des propriétés d'un produit chimique encapsulé, vers une eau pure encapsulée également, par les vertus d'un amplificateur qui oscille en permanence, était soit un artefact, soit une supercherie. En raison de vos titres, de votre position dans une communauté scientifique importante, et devant votre enthousiasme, et votre bonne foi, nous avons pensé vous rendre service en vous proposant d'effectuer les opérations de transfert à l'École de Physique et de Chimie, sous le contrôle de l'un d'entre nous – Claude Hennion. Au total, 20 expériences ont clairement montré un effet totalement aléatoire. [...]

Vous aviez, lors d'un contrôle fait par vous, où vous connaissiez le résultat d'avance, observé que lorsque le résultat était connu, vous ou vos collaborateurs trouvaient la bonne réponse. Vous vous êtes demandé alors si vous n'étiez pas trahi dans votre laboratoire.

Vous avez rejeté cette hypothèse, mais vous avez inventé des raisons expliquant pourquoi l'expérience ne marchait pas à l'École de Physique et de Chimie dans une claire fuite en avant, où vous ne preniez en compte que les expériences qui confirmaient votre hypothèse.

Il est intéressant de noter également que vous accordez foi à des publications qui vont dans votre sens et que vous trouvez les raisons les plus baroques pour expliquer les échecs.

---

a. Français, Prix Nobel de physique 2010.

b. Physicien français.

Vous accordez de l'importance à des publications grotesques, par exemple l'article intitulé « Human Consciousness Influence on Water Structure » écrit par deux Russes dans le *Journal of Scientific Exploration* (vol. 9, n° 1, p. 85, 1995). Ils démontreraient l'influence de la présence de certains individus sur des paramètres physiques de l'eau. Et vous invitez la communauté scientifique à se passionner pour cela !

Vous nous avez donné également les textes d'un théoricien italien, professeur d'université. Nous avons donné son texte à analyser aux meilleurs théoriciens français. Ils ont dit que c'était truffé d'hypothèses grossièrement fausses. Mais comme c'est écrit dans un langage opaque à 99 % des physiciens, nous comprenons qu'il puisse vous leurrer par ses encouragements amicaux.

Meilleures salutations.

Georges Charpak, Claude Hennion »

Dans sa réponse, Benveniste écrivit :

« Ce dernier terme est diffamatoire. Je vous recommande de ne pas en faire état en public ou dans un document distribué à des tiers (diffamation privée). Je poursuivrai toute personne dans cette situation avec condamnation certaine puisqu'il n'y a aucun commencement d'argument en ce sens. »

Voilà qui donne une image de la tension qui régnait !

Le climato-scepticisme de Claude Allègre

En 2007, après que le prix Nobel de la Paix eut été attribué au GIEC et à Al Gore pour son film *Une vérité qui dérange*, Claude Allègre, géochimiste, médaille d'or du CNRS, ancien ministre et co-récipiendaire du prix Crafoord (l'équivalent du prix Nobel pour les sciences de la Terre), pouvait s'écrier dans les médias[a] :

> « *Le nombre de conneries qui sont racontées dans le film d'Al Gore ! La climatologie, ça n'existe pas !* »

Une des objections qui lui étaient faites par Claude Allègre, dans un style tout en subtilité, était la suivante[b] :

> « *Faire croire sur la base de ratiocinations à un siècle de distance qu'il suffirait de réduire les émissions de gaz carbonique, c'est non seulement scandaleux, mais criminel. Ces gens ne sont scientifiquement pas sérieux.* »

Il s'agissait là d'une variation sur un argument apparemment de bon sens qu'il exprime (de façon plus policée !) dans son livre sur la planète[3] :

> « *J'ai peine à croire qu'on puisse prédire le temps qu'il fera dans un siècle alors qu'on ne peut pas prévoir celui qu'il fera dans une semaine.* »

Comment ? On n'est pas capable de prévoir le temps qu'il fera dans quinze jours, et ces gens là prétendent nous prédire le temps qu'il fera dans un siècle ?

Et pourtant : lorsque l'hiver approche et que les températures diminuent, il ne faut pas être grand clerc pour prévoir que quelques mois plus tard, c'est le printemps qui sera en vue et que les températures seront à la hausse ! À d'autres échelles de temps (plusieurs dizaines de milliers d'années), la succession des périodes glaciaires et interglaciaires dépend de la variation, parfaitement calculable,

---

a. Voir l'article très complet de Vanessa Schneider : « Claude Allègre, retour sur un flagrant déni », publié dans le *Monde* du 21 décembre 2018.

b. Déclaration de Claude Allègre au *Figaro Magazine*, le 29 novembre 2009.

des paramètres de l'orbite terrestre autour du Soleil. C'est ce qui distingue météorologie et climatologie : prévoir la météo à huit ou quinze jours, c'est être capable de suivre *une* trajectoire particulière de l'atmosphère. Comme la dynamique atmosphérique relève de ce qu'on appelle le « chaos déterministe », les incertitudes inévitables sur les conditions initiales se propagent (dans le temps) exponentiellement, et l'on perd la prédictibilité.

La climatologie ne se pose pas la même question. Elle ne prétend pas suivre la variabilité atmosphérique à une brève échelle de temps, elle s'intéresse à l'*ensemble* des états possibles de l'atmosphère au cours du temps. La question n'étant pas celle de la météorologie, on peut obtenir des réponses robustes, comme l'effet d'une augmentation de la concentration en gaz à effet de serre. Aussi, lorsqu'un scientifique se montre incapable de distinguer météorologie et climatologie, alors qu'il devrait être lui-même capable d'expliquer la différence à toute personne intéressée par la question, le registre change : soit il ignore tout de la question, soit il trompe délibérément son auditoire, soit il pratique un mélange plus ou moins grossier de ces deux possibilités.

La sous-estimation du changement climatique s'est considérablement réduite dans la population française ; elle se trouve concentrée principalement dans un petit groupe de « climato-réalistes », ainsi qu'ils se dénomment eux-mêmes. Ils considèrent que l'activité humaine n'est que marginalement responsable du réchauffement climatique (qu'ils ne nient pas nécessairement). Nous renvoyons à la postface de Treiner qui va en détailler la critique.

De la mauvaise science à la mauvaise foi

Les erreurs et les hypothèses hasardeuses sont le lot commun des avancées en science. Les erreurs scientifiques ne sont pas des *fake news*. Par exemple, les chercheurs de la manip OPERA ont cru avoir mis en évidence en 2011 des neutrinos se déplaçant plus vite que la lumière. Résultat stupéfiant, puisque violant ainsi la théorie de la relativité ; aussi ont-ils sagement attendu avant de publier leurs résultats, ce qui leur a permis de repérer leurs erreurs expérimentales et de rectifier leur conclusion.

Mais plus que dans d'autres domaines il existe un passage continu entre l'erreur commise de bonne foi par de bons scientifiques et sa prolongation douteuse. La frontière est ténue entre le « croire ce que l'on voit » et le « voir ce que l'on croit ». Aussi, il peut y avoir une certaine porosité entre la controverse scientifique toujours inévitable et l'entêtement pouvant éventuellement conduire à la mauvaise foi. Des exemples ?

La tuberculine de Koch[40, 41]

Robert Koch (1843-1910) a été un très grand bactériologiste aussi connu en Allemagne que Pasteur en France, avec qui il sera en compétition. C'est lui qui – entre autres – a découvert le bacille responsable de la tuberculose (appelé BK, bacille de Koch), un fléau qui tuait de l'ordre de 100 000 personnes par an en France au XIXe siècle. Prix Nobel de médecine en 1905, sa popularité était immense. Aussi, quand il a annoncé en 1882 sa découverte de la tuberculine comme vaccin contre la tuberculose, d'immenses queues se sont-elles formées à Berlin, à la porte de son laboratoire. Assez vite, cette annonce va être tempérée pour deux raisons : *i*) un refus initial de préciser la composition de son vaccin, mais surtout *ii*) le peu de réussite de son traitement, qui ne semblait marcher qu'avec des proches de l'inventeur. Ce sera « le chant du Koch », diront ses contempteurs ! Après une bataille qui va opposer des savants français à des savants allemands et malgré une « amélioration » de son produit en 1891, l'affaire fera long feu. Mais jusqu'au bout et malgré les évidences Robert Koch maintiendra sa croyance[a].

La génération spontanée de Pouchet

Moins célèbre que Koch, Pouchet a été un savant reconnu, notamment pour ses travaux sur l'ovulation humaine et animale. Il a défendu la thèse de la génération spontanée de la vie[67], thèse généralement acceptée depuis des millénaires, puisque l'observation semble prouver que mouches et vers semblent émerger de matières en putréfaction. Néanmoins, Pasteur, à la suite d'expériences bien conduites, va montrer que les échantillons de Pouchet étaient contaminés. Il convaincra l'ensemble de la communauté scientifique, mais Pouchet, jusqu'au bout, maintiendra son point de vue[b].

L'anticancéreux de Beljanski

Mirko Beljanski a été un chercheur talentueux de l'INSERM entre 1948 et 1978, puis s'est fâché avec Monod[c] et a travaillé à la faculté de pharmacie de Châtenay-Malabry jusqu'en 1988, ensuite comme indépendant. Il a cru, entre autre découverte, avoir trouvé une panacée appelée PB100, à base d'extraits de plantes, notamment le *Pao pereira*, actif contre le sida et le cancer. Avec sa famille et ses centaines de soutiens enthousiastes, y compris le Pr Montagnier et un banquier féru de spiritisme, il en fera une véritable entreprise commerciale. Malgré quelques succès *in vitro*, aucune

---

a. La tuberculine, sous une forme modifiée, servira d'indicateur à la présence d'anticorps à la tuberculose, mais pas de vaccin. C'est à la fin des années 1920 que Calmette et Guérin mettront au point le vaccin qui s'appellera le BCG (bacillle de Calmette-Guérin).

b. « Les génies de la Science », *PLS*, n° 33, nov. 2007.

c. Français, prix Nobel de physiologie.

démonstration de son efficacité n'aura convaincu la communauté scientifique. Il sera poursuivi pour exercice illégal de la médecine. Il n'empêche que Mitterrand, convaincu par son médecin homéopathe, s'adressera à lui pour son cancer de la prostate. Faut-il considérer toute ressemblance avec le Pr Raoult comme fortuite ?

La fusion froide de Stanley Fleischmann et Martin Pons

Ces deux scientifiques ont cru voir, en mars 1989, un dégagement anormal de chaleur au cours d'une électrolyse d'eau lourde avec électrodes en palladium. Ils l'ont interprété comme signant une fusion nucléaire à température ordinaire. Du point de vue théorique, c'était injustifiable, mais il y avait là une potentialité d'énergie bon marché, propre et pratiquement inépuisable, la même que celle du Soleil. Hélas, malgré les millions de dollars et le nombre impressionnant de travaux qui lui ont été consacrés, aucune preuve, ni théorique ni expérimentale, n'a pu convaincre la communauté scientifique. Fleischmann est mort, mais Pons, très isolé, a continué à y travailler.

En fait, la frontière entre le refus de renoncer à une erreur de bonne foi et l'escroquerie est quelquefois ténue : où faut il ranger le Pr Raoult ? Et comment classer le hobby de grands scientifiques en fin de carrière, tels Linus Pauling[a] avec sa foi en la vitamine C comme traitement quasi universel et Yves Rocard[b] qui croyait aux sourciers ?

Dans bien des cas, l'escroquerie intellectuelle qui va procurer notoriété et – éventuellement – retombées financières, frôle l'escro-

a. Chimiste nord-américain, prix Nobel de chimie en 1954 et prix Nobel de la paix en 1962.

b. Physicien français réputé, mais victime de son livre *Le Signal des sourciers* attaqué pour son manque de rigueur.

querie tout court. Pourquoi a-t-on condamné en mars 1991 l'ex-vedette de la télévision Danièle Gilbert à la prison (avec sursis) pour avoir publiquement vanté une « bague de Ré» censée opérer des guérisons miraculeuses, alors qu'est parfaitement tolérée la publicité pour les eaux de Lourdes[a] ?

De la « mauvaise » foi à la mauvaise science

À partir du moment où l'on est convaincu de l'historicité des Évangiles, le biais de confirmation va jouer.

– Ce peut être une confirmation empirique : c'était jadis la réalité des miracles. Aujourd'hui, ce sera le témoignage offert par le suaire de Turin. Ce linceul, baptisé « Saint-Suaire », était censé être le drap qui avait enveloppé le Christ après sa crucifixion. On y devine effectivement la trace d'un corps humain présentant les marques des blessures de Jésus telles que décrites dans les Évangiles. Bien que l'Église catholique se soit généralement montrée méfiante vis-à-vis de cette relique et que la datation au carbone 14 faite en 1988 ait conclu à un objet du XIVe siècle, son ostension suscite toujours bien des actes de dévotion. Toutes sortes d'arguties d'apparence scientifique sur la signification du test au carbone 14 ont été utilisées à cette fin[b]. La tunique d'Argenteuil ou le suaire d'Oviedo, moins connus, ont eu la même histoire. En fait existent des milliers de reliques de la Passion du Christ depuis la couronne

---

a. Sur le site « Palais du Rosaire » de Lourdes, on peut lire : « Recevez chez vous la véritable eau de la Grotte de Lourdes grâce à notre boutique de Lourdes en ligne. Situé à deux pas de la Grotte de Massabielle, notre magasin religieux vous proposent d'aller chercher pour vous l'eau de Lourdes à la source. L'eau de Lourdes est connue pour ses vertus bienfaitrices. »

b. On a même été si persuadé de l'âge du suaire que certains ont proposé qu'il serve à recalibrer la méthode du carbone 14 !

d'épines déposée à la Sainte-Chapelle jusqu'aux milliers de fragments de bois de la croix …

– Ce peut être également la confirmation littéraire : ce qu'on appelle le concordisme. Il y en a différents types : chrétien (surtout évangélique), juif et musulman[16]. Dans tous les cas, c'est l'idée qu'une lecture attentive des textes sacrés redonnerait les résultats de la science moderne.

Pour la Bible :

> « *Car mille ans sont à tes yeux comme le jour d'hier quand il n'est plus, et comme une veille de la nuit.* » *(Ps 90.4)*
>
> « *Devant le Seigneur, un jour est comme mille ans et mille ans sont comme un jour.* » *(2 Pi 3.8)*

Et pour le Coran[43] :

> « *Ils te demandent de hâter [l'arrivée] du châtiment. Jamais Dieu ne manquera à Sa promesse. Cependant, un jour, auprès de ton Seigneur, équivaut à mille ans de ce que vous comptez.* » *(Coran 22/47)*
>
> « *Les Anges ainsi que l'Esprit montent vers Lui en un jour dont la durée est de cinquante mille ans.* » *(Coran 70/4)*

Munis de ces facteurs de renormalisation (et de quelques autres), on peut au prix de quelques acrobaties arithmétiques aboutir à un âge de 13,7 milliards d'années pour l'Univers. Et il se trouve que c'est exactement ce que proposent les astrophysiciens modernes !

Les raisons du succès

Le succès des *fake news* tient à plusieurs causes généralement combinées[26, 61] que nous allons énumérer. Mais tout à fait généralement, il tient à cette remarque lapidaire de Victor Serge quand il a caractérisé ainsi la propagande de Staline :

> « *Dans leurs mensonges, il y a des vérités.* »

Et leur nocivité est bien décrite par ces mots de Paul Valéry :

> « *Le mélange de vrai et de faux est énormément plus toxique que le faux pur.* »

Signalons d'abord les *fake news* qui sont davantage des canulars. Ce sont des tests délibérés pour voir jusqu'où peut aller la crédulité.

Fake news « expérimentales»

Il y a la fameuse *Guerre des mondes. The War of the Worlds* est un roman de science-fiction écrit par H.G. Wells, en 1898. Orson Welles en fera une très célèbre émission radio en 1938. Il semble cependant que la panique qui s'ensuivit ait été largement exagérée (une *fake news* dans les *fake news* ?).

Un magnifique exemple, plus récent, qui a fait le tour du monde et suscité une intense polémique est fourni par l'acceptation[a] de l'article de Sokal : *Transgressing the Boundaries : Towards a Transformative Hermeneutics of Quantum Gravity* [« Transgresser les frontières : vers une herméneutique transformative de la gravitation quantique »]. Alan Sokal est honorablement connu comme professeur de mathématiques à l'University College de Londres et pro-

---

a. *Social Text*, 46/47, printemps/été 1996.

fesseur de physique à l'université de New York. Il voulait démontrer que dans certaines situations le fait même de voir énoncer une thèse semblant confirmer la sienne pouvait faire abandonner tout sens critique. Les éditeurs de la revue étaient des relativistes pour qui la science n'est qu'une construction sociale. L'article, apparemment très sérieux, était un canular jubilatoire (voir la référence [75]). Le titre même en annonce la couleu : la gravité quantique n'existe tout simplement pas !

Un deuxième exemple de *fake news* expérimentale moins connu est fourni par l'article[a] « Automobilités postmodernes : quand l'Autolib' fait sensation à Paris » écrit par Jean-Pierre Tremblay. Comment ne pas rire quand on peut y lire :

> « *C'est une automobile ouverte, en ce sens qu'elle s'ouvre à l'usage (open innovation), non plus par essence (elle roule à l'électricité, rappelons-le)...* »

Vraies *fake news*

On peut peut-être classer ainsi les raisons de leur succès par ordre d'importance[b] :

Le pari de Pascal

Le gain à la loterie est peu probable. On peut même affirmer que si l'État (ou le casino) y gagne finalement, c'est que le parieur y perd généralement. Mais entre la grande probabilité de perdre de petites sommes et la probabilité même infime d'en gagner une énorme, là

a. *Sociétés*, 126-2014/4. Revue dirigée par Michel Maffesoli, par ailleurs directeur de la thèse d'Élizabeth Teissier.

b. Nous reprenons ici, en le développant, le chapitre « L'IA et les *fake news* » de la réf. [49].

encore « le cœur a ses raisons que la raison ne connaît point », comme l'énonçait Pascal. Son célèbre pari obéit à cette « logique » :

> *« Dieu est ou il n'est pas ; mais de quel côté pencherons-nous ? La raison n'y peut rien déterminer. […] Pesons le gain et la perte en prenant croix [en pariant pile avec une pièce de monnaie, N.d.A.] que Dieu est. Estimons ces deux cas ; si vous gagnez vous gagnez tout, et si vous perdez vous ne perdez rien : gagez donc qu'il est, sans hésiter. »*
>
> (Pensées, *1669)*

L'idée est claire : même si la probabilité de l'existence de Dieu est faible, le gain de cette éventualité est colossal pour le croyant vertueux. S'y conformer coûte un peu, mais peut rapporter gros. En revanche, mener une vie de débauche procure certes un plaisir éphémère, mais risque de coûter énormément. Le calcul est donc vite fait : on a tout intérêt à croire. C'est un peu le principe de précaution avant la lettre, quand le risque même peu probable peut coûter énormément. Néanmoins, le bénéfice qu'on attend d'une croyance ne la rend pas plus vraie. En fait, plus qu'une raison de l'existence de Dieu, Pascal donnerait une raison de s'engager dans la voie de la piété.

L'homéopathie répond, à coup sûr, au précepte hippocratique du *primum non nocere* (« D'abord ne pas nuire »). Et donc, même si son efficacité est discutable, pourquoi s'en priver puisqu'on ne risque rien ?

Le biais de confirmation

Ce biais a été très étudié[14]. C'est le fait d'isoler dans des masses de données celles qui sont favorables à vos croyances. Il est très difficile d'en faire abstraction : les individus qui réfléchissent à un problème ne partent jamais d'un terrain vierge de toute intuition ou de tout présupposé. Il est alors naturel de tenter de les fonder sur des données. Là encore, il ne s'agit pas d'une nouveauté, mais clairement la masse de données des *big data* fournit une mine presque inépuisable et facilement accessible de « démonstrations » de ce type. Les témoignages sur les bienfaits de l'auriculothérapie abondent, voire sur la Terre plate. Nous ne sommes pas loin d'affirmer que, quelle que soit la proposition, on peut en trouver une « preuve » sur les réseaux. Et cette preuve est d'autant plus convaincante qu'elle est habilement extraite d'une théorie qui a fait ses preuves. Le darwinisme social de Spencer en est un magnifique exemple. C'est l'application aux sociétés humaines d'une version habilement tronquée de la théorie de l'évolution de Darwin, où on ne retient que la compétition en éliminant son autre volet : la coopération.

Voilà pourquoi en amont de toute production scientifique, un minimum de collaboration aide puisque chacun y apporte, en quelque sorte, son expérience et sa culture, mais généralement pas les mêmes ; rôle également que devrait jouer en aval l'examen par les pairs (*peer review*). C'est-à-dire que toute revue scientifique digne de ce nom fait lire par un ou plusieurs spécialistes du sujet l'article avant de le publier.

Le retour à la normale

L'efficacité des guérisons divines – en tout cas, pour les non-croyants – est un cas particulier de ce qu'on désigne de façon savante par la « régression vers la moyenne ». En l'occurrence, on fait dépendre d'une cause externe ce qui est un résultat purement statistique. Prenons deux exemples.

– Les pluies ont été particulièrement rares et la sécheresse menace. Beaucoup de paysans dans le monde ont alors recours à la prière. Si cette invocation magique était systématiquement stérile, elle ne se perpétuerait pas à travers les siècles. Mais (Dieu soit loué !), il y a l'effet de régression vers la moyenne et une pluie tardive, qui devait de toute façon arriver, suivra souvent la prière.

– Vous avez mal au dos, une douleur souvent intermittente. C'est généralement quand on est au pic de la souffrance que l'on se décide à utiliser un grigri. Peu de temps après, vous allez naturellement mieux. Effet *placebo* ? Peut-être, mais pas seulement ; effet statistique également : la douleur ne reste pas longtemps extrême, elle régresse et se serait donc, dans bien des cas, spontanément passée. Voilà pour le succès de bien des guérisseurs.

De l'autorité de l'argument à l'argument d'autorité

Très brocardé par Molière, l'argument d'autorité – historiquement celle d'Aristote – ne peut être facilement balayé. Comme aujourd'hui personne ne peut dominer l'ensemble des connaissances, au vu de la qualité et de l'unanimité du jugement des spécialistes qui les ont vérifiées, on doit faire confiance ; et on a raison. Tout un chacun est en quelque sorte amené à utiliser un raisonnement d'autorité, mais, disons, raisonnable, en ce sens que cette autorité doit être en permanence questionnable et questionnée.

Un bel exemple des limites de l'argument d'autorité nous est donné par la défiance d'une partie de la population vis-à-vis des vaccins anti-Covid. Comme personne – en dehors des spécialistes – ne comprend comment ce vaccin agit –, on est bien obligé de faire confiance aux autorités politiques ou scientifiques. L'essentiel de cette confiance provient nécessairement d'expériences vécues, dont une petite partie seulement s'est jouée sur le terrain médical. Nous reviendrons sur ce point important en conclusion.

Plus généralement, il y a aussi l'autorité supposée de la source qui permet souvent d'escamoter la vérification de ses affirmations.

À l'époque de Staline a été développée la notion de science « bourgeoise » en opposition à la science « prolétarienne », de même que les nazis avaient développé celle de science « aryenne » opposée à la science « juive ». De façon moins tragique et plus moderne, on a – marginalement – parlé de science féminine ou blanche. À chaque fois qu'on ajoute un adjectif à la science, on parle d'autre chose.

Ce qui ne veut évidemment pas dire que les scientifiques soient immunisés contre les préjugés de leur temps ou de leur classe ; la science est faite par des scientifiques, mais ces derniers ne font pas toujours de la science. Par exemple, quand le grand Cuvier écrivait[35] :

> « *La plus dégradée des races humaines celle des nègres, dont les formes s'approchent le plus de la brute, et dont l'intelligence ne s'est élevée nulle part au point d'arriver à un gouvernement régulier, ni à la moindre apparence de connaissances suivies, n'a conservé nulle part d'annales ni de tradition* »,

il ne démontrait pas qu'« on peut faire dire n'importe quoi » à la science comme d'aucuns le soutiennent, mais qu'il avait quitté le terrain de la science pour exprimer les préjugés de sa caste de pair de France de Louis-Philippe. C'est précisément parce qu'on ne peut pas lui faire dire n'importe quoi qu'on peut démontrer l'inanité de tels propos.

À côté de ça, il y a une défiance – souvent compréhensible – envers tout ce qui vient des « autorités». C'est tout ce qui touche aux diverses « théories du complot ». Ne pas se laisser avoir ! Tel est le mantra de ces conspirationnistes. C'est la satisfaction de faire partie de la communauté de ceux qui connaissent la vérité et qui peuvent se regrouper en sectes et, à la limite, adorer de nouveaux prédicateurs. C'est un peu ce qu'on a vu à Marseille autour du Pr Raoult.

Une recherche naïve de l'intentionnalité

Les Anciens croyaient peu au hasard. Le tirage d'un jeu de hasard n'était – si on ose dire – pas aléatoire : il indiquait une volonté divine que les prêtres savaient interpréter. Derrière tout phénomène, on cherchait une intention. Cette forme d'anthropomorphisme pouvait concerner aussi bien les animaux que les plantes, voire les volcans. On retrouve la trace de cette intentionnalité dans des questions philosophiques gravement posées : quel est le sens de la vie ? Pourquoi l'humanité ? Derrière ces questions est présente implicitement l'idée de création. Aujourd'hui, en dehors des créationnistes, ce mode de pensée devrait être tombé en désuétude. C'est le rôle historique qu'a joué Darwin, qui nous a appris que le développement des êtres humains – mais aussi des bonobos ou des huîtres – n'était nullement dirigé, mais déterminé par les aléas génétiques contraints par ceux de l'environnement. La prolifération des diverses théories du complot qui cherchent toujours une main invisible montre que son enseignement est malheureusement peu intégré.

L'effet *placebo*

C'est bien connu, un médicament n'agit pas seulement par son influence chimique directe, mais aussi par le fait que le cerveau anticipe son action bénéfique et produit à son tour une chimie apaisante. Cet effet largement documenté joue également sur tous les médicaments. À tel point qu'on dit souvent que « le meilleur médicament, c'est le médecin ». Et pourquoi pas, même sans médicament, la parole du chaman ou du prêtre ? Et quelle chimie peut-on associer, en cas de détresse, à la parole de la maman ? On le voit, l'effet *placebo* est loin d'être limité aux granulés. C'est certainement le (seul) mérite de l'homéopathie que d'avoir mis cette vertu en évidence.

Il faut signaler l'effet *nocebo*, symétrique du précédent. C'est l'effet dommageable que peut induire un médicament à cause de sa (mauvaise) réputation. L'exemple des statines[a] ou du Lévothyrox[b] est instructif, puisqu'en Suisse où le battage médiatique a été moins important, très peu d'intolérances ont été signalées[c]. Il a même été envisagé que les Covid longs dont les symptômes sont peu spécifiques soient dans certains cas une manifestation de l'effet *nocebo*.

L'incompréhension du fonctionnement des nouvelles machines

Jusqu'au début du XIXe siècle, la plupart des individus comprenaient *grosso modo* comment marchaient les outils qu'ils utilisaient, depuis les métiers à tisser jusqu'aux machines à vapeur. L'apparition de l'électricité[79], puis de la radio, enfin de l'Internet va changer la donne. Seule une minorité d'individus comprennent – même à peu près – comment fonctionne un poste de radio ou un ordinateur. L'électricité, comme les ondes électromagnétiques ou la radioactivité sont impalpables. Et, après tout, comment ne pas croire à la transmission de pensée alors qu'on est témoin de bien d'autres actions à distance au moins aussi miraculeuses ? Voilà comment, paradoxalement, les outils de la modernité peuvent créer une forme nouvelle d'aliénation.

Cette croyance aux miracles due à l'ignorance scientifique a aussi une traduction inverse : celle du refus de croire aux bienfaits éventuels des nouvelles inventions. Comme on ne comprend pas « comment ça marche », on est obligé de faire confiance ; et c'est là que se joue le très délicat argument d'autorité.

---

a. Médicament indispensable pour combattre le cholestérol.

b. Médicament largement utilisé mais dont on a changé l'excipient.

c. Voir la tribune très documentée du Pr Xavier Bertagna dans le *Monde* du 26 juin 2020 : « Les polémiques sur l'hydroxychloroquine et le Lévothyrox montrent la nécessité d'une exigeante recherche clinique ».

La confusion entre corrélation et causalité

Il est bien connu que la cause doit toujours précéder l'effet, mais ce qui précède l'événement, même systématiquement, n'est pas nécessairement cause. Le nombre de noyades en été est corrélé à la consommation de glace : il augmente presque proportionnellement à cette dernière. Bien entendu, il n'y aucun rapport de cause à effet. C'est simplement que la température élevée suscite à la fois davantage de bains et de consommation de glaces. On dit que la température est un « facteur de confusion ». En médecine ou en économie, elles abondent ; il faut en faire une chasse impitoyable. Le site http://tylervigen.com/spurious-correlations en donne une masse d'exemples dont certains sont très drôles.

Il faut ajouter que même non causales, les corrélations peuvent avoir un pouvoir prédictif. On peut prévoir sans comprendre[48].

Une surexploitation du principe de précaution

Le principe d'Archimède est un guide pour l'action ; il nous indique comment construire un bateau pouvant flotter ou un dirigeable pouvant voler. Rien de tel avec le principe de précaution. Á lui seul, il ne peut pas nous indiquer ce qu'il faut faire en cas d'innovation potentiellement dangereuse, puisqu'il faut aussi mesurer les conséquences du refus de l'innovation. Le meilleur exemple en est celui des vaccins, dont l'inoculation peut toujours présenter un risque même dérisoire. Plus que le principe de précaution, le bilan bénéfice-risque doit nous guider.

Une mauvaise compréhension des petites statistiques

Quand un phénomène est rare, les fluctuations des résultats peuvent être considérables, sans qu'elles soient significatives de quelque chose. Si, par exemple, un habitant sur 10 000 est atteint d'un cancer dans une région et qu'il y en deux dans une autre, il y a bien un accroissement de 100 %, mais il peut s'agir de pures fluctuations statistiques, ce qui ne serait pas le cas si on était passé de 2 500 sur 10 000 à 5 000 cas.

La couverture par le secret militaire

Cette opacité présente le double avantage de montrer à la fois le sérieux et l'importance de la chose ainsi que l'impossibilité d'en apporter des preuves. On ne peut rien dire de plus précis : les recherches sont *top secret*. (On peut penser aux bobards sur les soucoupes volantes, à la transmission de pensée ou aux avions renifleurs.)

La découverte ingénue que la science ne sait et ne peut pas tout

Les faiblesses et les limitations de la science font la force de toutes les tentatives irrationnelles : puisque la rationalité trouve ses limites, pourquoi ne pas essayer de s'en passer ? Le doute, qui est une qualité essentielle d'une démarche scientifique, est habilement exploité[64]. On l'a ainsi manié pour questionner la dangerosité de l'alcool, de l'amiante et des cigarettes. Tout récemment encore pour l'efficacité des vaccins à limiter les décès dus au Covid.

Preuves scientifiques à l'épreuve

Peut-on se prémunir des biais ? Il est naïf de croire qu'on peut les éviter tous[1], ils sont inévitables dans la pensée de chaque individu, dont les connaissances sont toujours partielles – voire partiales. Seule la confrontation des idées permet de les limiter[a].

---

a. Remarquons qu'en ce qui concerne le traitement de la Covid-19 dans les médias, on a davantage vu des juxtapositions d'idées que des confrontations contradictoires et argumentées. Ce qui a largement contribué à la méfiance envers les vaccins.

Il n'y a – hélas ! – pas de recettes pour s'en prémunir. On peut penser aux mises en garde suivantes, mais elles ne sont ni nécessaires, ni suffisantes.

– La réfutabilité[a] serait un critère de scientificité essentiel : contrairement à une idée commune, une théorie scientifique ne peut jamais être incontestable ; on doit toujours pouvoir tenter de la réfuter. Aussi, dans le meilleur des cas, elle est irréfutée. En ce sens, les diverses religions fondées sur la foi sortent du cadre de la science. Et pour Popper, la question du marxisme et de la psychanalyse reste ouverte. La réfutation de la théorie de la génération spontanée de Pouchet par les expériences bien conduites de Pasteur est souvent donnée comme exemple d'expérience « cruciale ». Mais peut-on dire que la théorie de la relativité invalide celle de Newton ? Elle lui définit seulement un domaine d'application. Il en va de même pour la mécanique quantique ; elle n'abroge pas la mécanique classique.

– Chaque fois qu'elle est possible, la reproductibilité directe est un très bon test. Mais elle n'est pas toujours possible. Peut-on reproduire expérimentalement l'évolution de la température de la Terre pour en estimer l'âge[b] ? Mais surtout la reproductibilité suppose qu'on puisse opérer « toutes choses égales par ailleurs ». Dans les sciences dites « dures», on peut raisonnablement séparer son objet d'étude du reste de l'environnement ou rendre compte de son interaction avec lui de façon simple en fixant, par exemple, la pression ou la température[49]. De plus, tous les atomes d'hydrogène sont identiques et peuvent être considérés indépendamment de leur

---

a. Souvent appelée de façon savante « falsifiabilité» quand on évoque Karl Popper, philosophe des sciences autrichien qui l'a popularisée.

b. Ce que Buffon avait tenté de faire en étudiant le temps de refroidissement de boules métalliques de taille croissante[47].

lieu d'étude et de leur histoire[a]. Mais pourrait-on dire la même chose, par exemple, des maladies ? Il est impossible de les étudier en négligeant l'influence de leur histoire et de leur milieu.

– La capacité à prévoir est aussi un bon discriminant. On songe, bien sûr, au retour de la comète prévu par Halley ou à la découverte de Neptune à cause de l'influence newtonienne d'Uranus, à la mise en évidence du boson de Higgs ou des ondes gravitationnelles. Mais *quid* du darwinisme , qui est peut-être la théorie scientifique la plus puissante ? Cette théorie rend remarquablement bien compte de ce qui s'est passé au gré des modifications de l'environnement. Comme ces dernières sont largement imprévisibles, c'est seulement dans un milieu bien contrôlé – situation rare en évolution, mais pas en physique – qu'elle permet des anticipations remarquables. En fait, dès que la contingence intervient dans la genèse d'un événement, reproductibilité et capacité à prévoir sont soumises à rude épreuve. Même dans les sciences dites « dures » où le déterminisme règne, il faut la séparer de la prédictibilité ; c'est le cas du chaos déterministe[48].

– L'universalisme en matière sociale, de genre, de localisation, est aussi un bon marqueur. Par exemple, l'homéopathie était essentiellement une spécialité française.

– La parcimonie, c'est-à-dire l'économie de moyens et de concepts, a assuré la supériorité du modèle héliocentrique de Copernic sur le modèle géocentrique de Ptolémée[b].

---

a. Néanmoins, l'existence du chaos déterministe peut rendre, en pratique, la reproductibilité expérimentalement impossible. Le déterminisme n'implique pas nécessairement la prédiction.

b. L'histoire est en vérité plus complexe : Copernic ne concevant que des trajectoires circulaires, alors qu'elles sont elliptiques, il lui a fallu ajouter de petits épicycles à son modèle pour le rendre aussi précis que celui de Ptolémée.

– La cohérence est évidemment nécessaire ; c'est l'accord avec l'expérience, mais aussi interne à la théorie. La théorie de la relativité restreinte d'Einstein n'est pas partie de considérations empiriques, mais de contradictions dans les théories de l'électromagnétisme, et la théorie de la relativité générale des incohérences de la précédente. Bien entendu, les confirmations expérimentales – indispensables – ont suivi.

Mais surtout, c'est l'imbrication dans le reste des connaissances, qu'elle peut à la fois contredire et enrichir, qui nous semble décisif. Les *fake news* sont à mille lieues de réussir cette épreuve. Le problème est que comprendre cette possibilité d'imbrication suppose un « capital culturel » minimum, hélas très inégalement distribué.

C'est le vieux problème de la démarcation entre science et pseudoscience. Si leurs frontières sont quelquefois floues, s'il est difficile de définir en toute généralité la démarche scientifique, il est souvent facile de montrer sur des cas concrets que cette démarche n'a pas été suivie.

2 Le Coran et la Bible contre la science ou à côté ?

D'abord, il faut remarquer que ce sont de loin les livres les plus diffusés. Et même, concernant la Bible, ça a été le livre le plus anciennement imprimé : c'était la principale motivation qui a poussé Gutenberg à inventer sa technique ! L'importance de l'imprimerie à l'échelle mondiale est colossale.

Le Coran et la Bible contiennent des prescriptions concernant les mœurs (esclavage, place de la femme, homosexualité, etc.) ou des affirmations sur les sciences naturelles (Terre créée en six jours et centre du monde, homme fabriqué à partir de la glaise, etc.) qui, lues avec les connaissances et une conscience modernes, paraissent barbares ou d'une très grande ignorance[a]. Mais c'est une vision anachronique.

Pour les athées, il n'y a (évidemment !) pas de miracle. Ces livres prémoyenâgeux reflètent les savoirs, coutumes et croyances des sociétés primitives qui les ont vus naître. Il est donc naïf de vouloir

---

a. Encore que sur les mœurs, il y a cinquante ans seulement en France, il n'y avait pas grand-chose de choquant sur le non-droit de vote des femmes, la limitation à l'ouverture d'un compte courant bancaire pour les femmes mariées, la condamnation de l'homosexualité, le délit d'adultère (en 1975 encore), etc. Un peu de mémoire !

en extraire quelque chose comme la libération des femmes, la théorie de l'évolution des espèces, l'âge ou le mouvement de la Terre, concepts totalement étrangers à ces époques.

En revanche, pour les croyants, comme ces livres ont été inspirés – voire dictés – par Dieu, « ils ne peuvent pas mentir ». Ils échappent en quelque sorte à leur déterminisme socio-historique. Il y a donc là un vrai un miracle. Alors, soit :

– ce que les scientifiques pensent aujourd'hui vrai est faux et sera démenti demain. La science est partielle, fragile et fluctuante, pas la vérité révélée ;

– le Livre saint contient bien sûr la vérité, mais celle-ci est cachée et nous devons apprendre à la lire.

Ou toute combinaison de ces deux attitudes. La première attitude est celle des « créationnistes ». La seconde, plus subtile, débouche sur les diverses « lectures » de la Bible ou « contextualisations » du Coran. Par exemple, selon ces croyants non littéralistes – ceux qui refusent une lecture au premier degré –, les sectes évangéliques nord-américaines ou Ben Laden témoigneraient d'une « mauvaise » lecture de ces ouvrages de référence qu'on pourrait combattre au nom des mêmes textes, mais « bien » compris.

Nous allons d'abord faire un bref récit de l'évolution des positions des religions monothéistes qui se revendiquent de la Bible ou du Coran vis-à-vis de la science, puis des savants vis-à-vis des textes sacrés. Nous développerons, en particulier, l'argumentation suivie par Galilée avant son procès ; nous montrerons qu'elle n'a rien perdu de son actualité.

Récit biblique = *fake news* ?

Au lecteur qui serait choqué de voir figurer les textes sacrés à l'occasion du procès fait aux *fake news*, signalons que la question posée en tête de ce paragraphe n'est pas de l'auteur mais tirée d'une très officielle publication de l'Église catholique que nous citerons plus loin.

Une parenthèse d'abord : bien des prêtres de toutes les religions monothéistes disent *maintenant* que la Bible ou le Coran ne sont pas des livres de Science et même qu'ils ne sont pas non plus des livres d'Histoire. Les conclusions de Finkelstein[31] qui pulvérise la véracité de bien des récits bibliques sont souvent admises. Ce n'est pas du tout ce qu'on disait jadis. Sans parler du procès intenté à Galilée en 1633, jusqu'au milieu du XIXe siècle, la papauté prenait le récit biblique au pied de la lettre (ainsi que, à quelques nuances près, le célèbre Cuvier). Faut-il rappeler comment Buffon, en 1751, a dû capituler à propos de son évaluation non catholique de l'âge de la Terre devant la faculté de théologie, en déclarant ensuite avec humour « qu'il préférait être couché que pendu », puis l'histoire de Champollion, qualifié contre son gré de « sauveur de la chronologie biblique » et son refus de porter le chapeau… de cardinal offert par Léon XII en récompense de sa datation du zodiaque de Dendérah. comme postérieur au Déluge[a]. Donc en 1830 encore, le Vatican tenait à l'interprétation littérale du texte biblique.

On peut observer que les principales religions véhiculent des biographies de leur fondateur dont le moins qu'on puisse dire c'est qu'elles sont loin d'être historiquement établies : aucune trace écrite datant de leur époque, et seuls des témoignages bien postérieurs à

---

a. La majorité des égyptologues de cette époque le considérait comme antédiluvien, ce qui était impensable ; le Déluge ayant effacé toute trace de l'humanité.

leur mort nous sont connus. Les milliers de livres qui retracent les vies de Jésus, de Mahomet, de Bouddha ou de Confucius sont bien davantage des livres d'histoires que des livres d'histoire. Et pourtant, certes à des titres divers, elles nourrissent la foi de milliards de fidèles dans le monde. Bel exemple de la puissance des mythes.

Ni livre d'histoire et encore moins de science, le livre sacré vaudrait pour son message (d'amour, d'espérance, de charité, de pardon, etc.). Pourquoi pas ? Mais alors il faudrait le lire comme on demande aux enfants de lire les fables de La Fontaine pour en tirer à l'aide d'allégories des leçons de sagesse, de liberté, d'humanité, etc., en sachant que les chiens, les corbeaux ou les ânes n'y seraient pas de vrais animaux. Citons[15] le père François Campagnac[a] :

« **Récit biblique = fake news ?**

Quand les hommes affrontent des questions ou des épreuves qui les dépassent, ils font souvent appel à leur imagination pour construire des récits qui donneront les clés de compréhension permettant de surmonter la crise. Dans l'enfance, les contes et légendes contribuent ainsi à apporter des réponses qui aident à grandir. Les adolescents qui apprécient aujourd'hui les histoires héroïques (Avengers, Game of Thrones, Harry Potter…) savent bien que ces récits ne sont pas réels. Loin d'être opposé à la vérité, l'imaginaire [en] déploie une en construisant du sens commun à tous.

Ainsi en est-il dans la Bible des onze premiers chapitres de la Genèse. Le récit du serpent en Gn 3, qui fait suite au second récit de création, peut nous éclairer aujourd'hui encore, tant sur la crise que nous traversons que sur notre quête de la vérité. »

---

a. Vicaire général, diocèse de Sens-Auxerre.

Condamner les fables ou tous les récits épiques en raison de leur manque de scientificité serait absurde. Comment ne pas comprendre ce qu'apporte aux chrétiens et aux juifs le Cantique des cantiques de la Bible ou la prosodie du Coran aux musulmans , et, de façon plus générale, le rêve et la poésie à tous les humains ? Paraphrasant Paul Valéry, on a envie de dire : « Comment mourir sans le secours de ce qui n'existe pas ? ».

Le problème est que les livres sacrés contiennent, peut-être à leur corps défendant, des affirmations de Science et d'Histoire et qu'il faut composer avec. Si elles étaient fausses, pourquoi croire aveuglément au reste ?

Le fait qu'il faille apporter une certaine dose d'interprétation aux livres sacrés est commun aux grands penseurs chrétiens, juifs et musulmans, en tout cas jusqu'au XIIe siècle pour ces derniers, fin de l'âge d'or arabe : le Coran « incréé[a] » détrônant le Coran « créé ». Nous pourrions multiplier les citations de saint Augustin (chrétien), Maïmonide (juif) ou Averroès (musulman). Tous reconnaissent, avec leur vocabulaire propre, la coexistence d'un Livre de la Nature et d'un Livre sacré, œuvres du Seigneur. Dieu pouvant tout sauf la contradiction, ces deux Livres ne peuvent s'opposer. Il y a alors le travail gigantesque de milliers de docteurs de la foi, de rabbins et autres savants qui vont écrire les modes d'emploi des textes sacrés ; ce seront les livres des Pères de l'Église pour les chrétiens, le Talmud pour les juifs et la Sunna pour les musulmans. Notons que la taille de ces divers commentaires est de plusieurs milliers de fois celle des textes commentés. Pour les mécréants, rien de surprenant : il est extrêmement long de « démontrer » que deux et deux ne font pas quatre… Il est d'ailleurs remarquable qu'une longue tradition ne fait pas grand-chose pour rendre les textes sacrés compréhensibles à la masse des fidèles.

---

a. C'est-à-dire reproduisant littéralement la parole de Dieu à l'ange Gabriel et reçue par la Prophète.

Le texte du Coran est évidemment incompréhensible à la grande majorité des musulmans qui, rappelons-le, n'est pas arabophone. Et même pour les autres, écrit en arabe archaïque, il reste largement énigmatique. Il semble même que sa traduction en arabe littéraire ou dialectal soit considérée comme hérétique[a]. D'où l'importance des imams pour expliquer et interpréter.

Pour les catholiques, la Bible a dû rester longtemps en latin. Jusqu'au XVIIIe siècle, les traductions de la Bible en langue vulgaire n'étaient pas encouragées. On les doit essentiellement aux protestants. Voilà peut-être pourquoi les rôles d'intermédiaires des pasteurs et des curés diffèrent.

Jean Bottéro, dominicain – certes pas très catholique –, affirmait : « Je n'ai pas besoin d'un Dieu que je comprends[b]. » Quel serait l'intérêt d'un Dieu qui serait comme un grand frère ou un copain avec qui on pourrait bavarder ?

Pour Brassens,

> « *Sans le latin, sans le latin*
> *Plus de mystère magique*
> *Le rite qui nous envoûte*
> *S'avère alors anodin.*
> *[...]*
> *Sans le latin, sans le latin*
> *La messe nous emmerde.*
> *Le vin du sacré calice*
> *Se change en eau de boudin.* »

---

a. Pour Hela Ouardi, universitaire tunisienne, il semble qu'il en existerait deux : en arabe tunisien et en arabe marocain, mais non publiées.

b. C'est le pendant du *Credo quia absurdum* (« Je crois parce que c'est absurde ») attribué à Tertullien.

Le mystère ne s'oppose pas à la propagation de la foi. Au contraire. Par exemple, pratiquants juifs et musulmans s'interdisent toute représentation picturale de Dieu. Historiquement, toutes les religions monothéistes ont été plus ou moins iconoclastes.

Une remarque importante : il existe un passage continu entre la foi du charbonnier pratiquée par des centaines de millions de fidèles sur la planète et une vision sophistiquée « à la Spinoza » ou « à la Galilée », c'est-à-dire très loin de tout anthropomorphisme, partagée par des intellectuels. Aujourd'hui, cette vision sophistiquée est notamment exprimée par la rabbine Delphine Horvilleur qui, à la question bien naturelle « Croyez-vous en Dieu ? », répond[a] :

> « *Mais s'il m'est difficile de parler du Dieu auquel je crois, je peux en revanche vous parler du Dieu auquel je ne crois pas. Je ne crois pas en un Dieu qui agirait dans le monde, qui aurait les propriétés de la lampe d'Aladin [...].* »

Clairement, le lecteur cultivé aura remarqué qu'il s'agit d'une définition purement apophatique[b].

Dans la même veine, Kahina Bahloul, première imame en France, affirme[c] :

> « *S'il fallait le résumer en une phrase, Dieu, à mes yeux, c'est l'universel. On peut voir Dieu partout, dans toute sa création, dans toute son immanence.* »

---

a. *Le Monde des religions*, 14 mars 2021.

b. Pour le lecteur qui l'est moins, c'est la définition – très utilisée en théologie – d'une chose par ce qu'elle n'est pas.

c. *Le Monde* du 3 avril 2021.

On peut lire des propos finalement assez semblables sous la plume[25] de Philippe Deterre[a]. C'est voisin de la position de Spinoza[81] pour qui « Dieu est partout », c'est-à-dire, pour les athées, nulle part. On a l'impression que, pour ces croyants, la croyance en Dieu est davantage une quête de sens ; presque un programme de recherche sans fin.

Mais ce passage de la croyance naïve à la savante est indispensable : sans la foi des premiers, les seconds n'existeraient pas ou auraient un rôle marginal. La tradition de toutes les grandes religions monothéistes a été de limiter de fait ou de droit cette deuxième approche aux seuls milieux éclairés : le *vulgum pecus* risquerait d'y perdre la foi. Les réactions de Benoît XVI ou de certains dignitaires musulmans pour étouffer ces « modernisations » de leur Église se nourrissent de cette tradition.

Comment s'opère ce passage ? Il n'y a pas de doute que, pour tous les croyants, le puissant charme poétique qui imprègne les textes sacrés permet d'établir un rapport entre les lecteurs au premier degré et les intellectuels. Après tout, les liens fondés sur un imaginaire ou des sentiments partagés sont au moins aussi effectifs que ceux fondés sur la froide raison.

Comment interpréter ? Citons Averroès, qui est typique de la démarche de bien des commentateurs autorisés :

> « *Nous disons même plus : il n'est point d'énoncé de la Révélation dont le sens obvie*[b] *soit en contradiction avec les résultats de la démonstration, sans qu'on puisse trouver, en procédant à l'examen inductif de la totalité des énoncés particuliers du Texte révélé, d'autre énoncé*

---

a. Prêtre de la Mission de France et docteur en physique et en biologie.

b. Direct, premier, évident. Vient du latin « sur le chemin » ; a donné *obvious* en anglais.

> *dont le sens obvie confirme l'interprétation, ou est proche de la confirmer.* »

Cela veut-il dire qu'en cas de besoin et pourvu qu'une assertion suffisamment vague écrite par ailleurs le confirme, on puisse faire dire à une sourate le contraire ou, en tout cas, autre chose que ce qu'elle semble affirmer ?

Mais les contradictions avec les connaissances scientifiques balbutiantes de l'époque étaient mineures, il s'agissait surtout de contradictions internes au texte. Comment pouvait-il y avoir de jours avant la création du Soleil tournant autour de la Terre ? Comment Dieu pouvait-il demander aux hommes de tuer Caïn s'il n'y avait que ses parents ? Comment Moïse aurait-il pu être l'auteur du Deutéronome puisqu'on y trouvait le récit de sa propre mort ? Il fallait aussi s'éloigner d'un anthropomorphisme trop marqué : Dieu avait-il un corps, pouvait-il se mettre en colère, vouloir se venger, etc. ?

À la Renaissance, avec Galilée (début du XVIIe siècle), les contradictions vont devenir explosives. La Bible affirmait la fixité de la Terre[a]. Citons le passage, vu son importance :

> « *10.12 Alors Josué [...] parla à l'Éternel et dit en présence d'Israël : "Soleil, arrête-toi sur Gabaon. Et toi, Lune, sur la vallée d'Ajalon !"*

---

a. Chez les musulmans également, on peut lire dans le hadith 3124, vol. 4, tiré de l'Authentique de Boukhari, qui fait autorité :

> « *Ô mon Seigneur ! retiens-le dans sa course, qu'il nous éclaire. Le Soleil fut alors arrêté, jusqu'à ce que Allah eût donné la victoire à son prophète.* »

Mais ce hadith n'a pas joué dans le monde musulman un rôle analogue à l'épisode du Livre de Josué pour les chrétiens. La chanson de Roland contient également un récit analogue.

> *10.13. Et le soleil s'arrêta, et la lune suspendit sa course, jusqu'à ce que la nation eût tiré vengeance de ses ennemis. Cela n'est-il pas écrit dans le livre du Juste ? Le soleil s'arrêta au milieu du ciel, et ne se hâta point de se coucher, presque tout un jour.* »

Quant à Galilée, il défendait *mordicus* le modèle de Copernic qui affirmait que la Terre était, comme les autres planètes, en mouvement autour d'un Soleil fixe. L'affaire était d'importance : n'oublions pas que le dominicain Giordano Bruno avait été longuement torturé puis brûlé vif en 1600, notamment pour avoir soutenu cette thèse. Il faut rappeler l'histoire de la statue de Giordano Bruno érigée en 1849, puis détruite sur ordre de Pie IX, reconstruite en 1889, malgré Léon XIII menaçant de quitter Rome en cas de nouvelle érection ; en 1929 aux accords du Latran, Pie XI reprit espoir, mais Mussolini refusa… La Bible n'était peut-être pas un livre de Science, mais c'est ce que l'Église catholique avait superbement ignoré jusqu'à la fin du XIXe siècle.

Galilée précurseur théologique

La question de savoir si la Terre est réellement immobile et centre de l'Univers ouvre une bataille cruciale qui va opposer l'Église catholique à Galilée[a]. Comme beaucoup de batailles historiques, elle a souvent été décrite comme une image d'Épinal où un camp arriéré et inculte s'est opposé à un génie incompris et solitaire incarnant le progrès. C'est une vision naïve parce que, dans une large mesure, ce fut un combat mené au sein de l'Église elle-même,

a. Nous reprenons ici, en le résumant, le passage sur Galilée de la référence [47].

avec l'acceptation par tous de sa règle du jeu : la Bible comme parole divine, donc incontestable. D'ailleurs, jusqu'au XVIIIe siècle, les savants (les intellectuels) étaient tous croyants, voire prêtres, mais bien sûr avec des responsabilités différentes. Par exemple, un des principaux propagandistes de Galilée a été le père Mersenne, homme d'Église.

Par ailleurs, Galilée était loin d'être isolé ou ignoré (à ce propos, se méfier de tous les incompris scientifiques qui se comparent à lui !). À l'égal de Kepler, il était honoré comme un des meilleurs mathématiciens de son temps. Il a longtemps été le protégé de bien des prélats et, en particulier, de Maffeo Barberini, le futur pape Urbain VIII, qui le fera néanmoins condamner en 1633.

La critique nécessaire de cette vision naïve ne doit cependant pas faire oublier qu'il s'est bien agi d'un tournant historique dans la façon de penser la connaissance. Galilée explique dans un passage célèbre du *Saggiatore* (1623) :

> « *La philosophie est écrite dans ce livre gigantesque qui est continuellement ouvert à nos yeux (je parle de l'Univers), mais on ne peut le comprendre si d'abord on n'apprend pas à comprendre la langue et à connaître les caractères dans lesquels il est écrit. Il est écrit en langage mathématique.* »

C'était une rupture avec l'idée dominante que le livre de la nature était écrit en langage biblique que les savants se devaient d'interpréter (de justifier ?). Galilée se moque de ceux qui pensent « chercher la vérité ni dans le monde, ni dans la nature, mais [...] dans la confrontation des textes ». En 1610 tombe la première condamnation de la doctrine de Copernic, jugée :

> « *stupide et absurde, et fausse en philosophie, et formellement hérétique, car elle contredit explicitement, et en de nombreux paragraphes, les sentences de l'Écriture*

> *Sainte, lue selon le sens propre des mots et l'interprétation commune des saints Pères et des théologiens.* »

En 1633 tombe la condamnation explicite de Galilée pour avoir contrevenu à cet interdit et, sous la menace de la torture, l'abjuration du vieil homme.

Quelle a été la défense de Galilée ? Pour lui, chaque fois que la raison et l'expérience semblent contredire le Livre saint, c'est qu'on l'aura à tort interprété littéralement, sans comprendre qu'il avait été écrit pour être compris de gens à l'époque ignorants. Les « erreurs » qu'on croit y déceler font en quelque sorte partie d'une pédagogie divine inévitable au temps de Moïse, mais le devoir des savants modernes, sous peine de ridiculiser les Écritures, est de ne pas en rester prisonniers. Voilà pourquoi Dieu – bien qu'infaillible – a jugé bon d'écrire ainsi.

Quant aux commentaires des saints Pères allant dans le sens de l'interprétation littérale, il faut reconnaître – malgré tout le respect qu'on leur doit – qu'il étaient des ignorants. Lactance, tout Père de l'Église qu'il était, ne croyait-il pas la Terre plate ? Voilà à ce propos ce que Galilée ose dire[34] :

> « *On m'objecte que tous les Pères, en commentant les passages des Écritures relatifs à cette question, s'accordent à les interpréter selon le sens le plus simple, en s'attachant à la pure signification des mots, et que par conséquent il n'y a pas lieu de leur attribuer un autre sens ou de modifier l'interprétation commune, puisque cela reviendrait à accuser les Pères d'inadvertance ou de négligence. En guise de réponse, je dis que je reconnais le respect qui est dû aux Pères et qui n'est pas sans raison, mais j'ajoute que nous pouvons leur trouver une excuse toute prête : s'ils n'ont jamais interprété les Écritures dans un sens différent de celui qui résonne dans*

les mots utilisés pour aborder ces questions, c'est parce que l'opinion de la mobilité de la Terre était à leur époque totalement ensevelie et que non seulement personne n'en discutait par écrit ni la soutenait, mais qu'elle ne faisait même pas l'objet d'un débat. »

En ce qui concerne cependant « le salut de l'âme », comme il est peu probable qu'aucune expérience mette jamais en défaut le Livre sacré, Galilée juge plus sage d'en conserver le sens littéral :

> « *Voilà pourquoi aux articles qui concernent le salut et le fondement de la foi, articles dont la solidité est telle qu'elle ne court jamais le risque d'être ébranlée par aucune doctrine valide et effective, il serait sans doute hautement recommandable de ne pas ajouter d'autres articles de foi sans nécessité.* »

S'agit-il de prudence ou de concession de la part de Galilée vis-à-vis d'une affirmation qui n'engage à rien ? On n'ose parler d'insolence...

En quoi Galilée se démarque-t-il des commentateurs qui l'ont précédé et de pas mal de ceux qui vont le suivre, notamment musulmans ? Il ne considère pas les « deux Livres » comme des points de départ symétriques. Je cite :

> « *Si on demande par où l'on doit commencer pour s'assurer de sa fausseté [de la doctrine de Copernic], s'il faut partir de l'autorité des Écritures ou bien de la réfutation des démonstrations et des expériences des philosophes et des astronomes, je réponds qu'il faut commencer par le lieu le plus sûr et qui est le moins propre à provoquer un scandale. Ce qui veut dire qu'il faut commencer par les raisons naturelles et mathématiques. Car, si les raisons qui prouvent la mobilité de la Terre se révèlent être fallacieuses [...]* »,

on aura alors, pour notre savant florentin, prouvé que la simple lecture du Livre saint était suffisante, et tout va bien.

> « *[...] mais si ces raisons [du mouvement de la Terre] devaient se révéler vraies et nécessaires, aucun préjudice n'aura pour autant été porté à l'autorité des Écritures.* »

La conclusion est évidente :

> « *Par conséquent, commencer par les arguments rationnels est une voie sûre dans tous les cas.* »

En bref, Galilée[34], à la différence de tous les autres[a] :

1. distingue soigneusement les affirmations apparemment fausses d'un Dieu infaillible – mais commises à des fins pédagogiques –, de l'erreur due à l'ignorance des docteurs de la foi, qui, hommes de leur époque, en répètent une lecture au premier degré ;
2. n'hésite pas à contredire tel ou tel verset de la Bible sans l'appui d'un autre ni de l'autorité d'un dignitaire reconnu.

Cette attitude ne bride pas la science. C'est la seule tenable pour les croyants des temps modernes qui ne veulent pas l'ignorer.

La philosophie du NOMA de J.S. Gould, qui vise à distinguer les démarches scientifiques des démarches religieuses, reprend une vieille tradition. C'est, par exemple, Newton qui écrit[b] :

> « *La religion et la philosophie doivent être maintenues distinctes, nous ne devons pas introduire de révélations divines en philosophie, ni d'opinions philosophiques en religion.* »

---

a. Il serait intéressant de comparer l'approche de Galilée à celle assez semblable de Spinoza.

b. Notons qu'il n'a pas toujours suivi cette prescription scrupuleusement !

Mais Galilée l'avait devancé quand il écrivait :

> « *L'intention du Saint-Esprit est de nous enseigner comment on doit aller au Ciel, et non comment va le ciel.* »

Quelles ont été les positions de l'Église ?

Sur Galilée

Contrairement à une croyance répandue, Galilée n'a pas été pleinement réhabilité. La difficulté pour comprendre la position du Vatican tient à ce que toutes les déclarations papales sur Galilée, comme sur bien d'autres sujets, prétendent être en continuité[a] : chaque pape se réfère positivement au précédent. Comment, dans ces conditions, adorer ce que l'on a – presque – brûlé ? Il s'agit donc plus exactement de glissements progressifs.

On ne saisit l'évolution de l'Église qu'en sautant plusieurs papes. En nette contradiction avec Urbain VIII (en 1633), le pape Jean-Paul II (en 1992) apprécie le théologien, mais se méfie du physicien, puisque Galilée, à son époque, ne pouvait pas prouver la mobilité de la Terre, comme Bellarmin[b] l'avait si justement affirmé. Pour Jean-Paul II, je cite : il y eut un « tragique malentendu » et « les torts étaient partagés ». La démonstration de la mobilité de la Terre qui recourait à l'argument des marées était fausse, et donc l'Église

a. C'est une sorte d'infaillibilité de fait ; elle n'a rien à voir avec l'infaillibilité *ex cathedra* en matière de foi ou de mœurs.

b. Prélat qui a fait brûler Giodarno Bruno, , puis « conseillé la prudence » à Galilée. Il sera néanmoins (?) sanctifié, puis nommé « docteur de l'Église » en 1931. C'est la plus haute distinction : il y a des milliers de saints, mais seulement une trentaine de docteurs !

a eu raison de la refuser ; par contre, son interprétation des Écritures était novatrice et finalement salutaire pour l'Église.

Il est vrai que l'argument des marées a joué un rôle important pour notre physicien et il était faux, mais ce n'était pas le seul argument. Surtout, c'est cette (re)lecture du procès de Galilée qui est anachronique : l'Église ne s'est pas opposée à Galilée sur la base de ses erreurs en physique[a], mais bien parce qu'il a défendu la primauté de la démarche aujourd'hui qualifiée de « scientifique » sur la démarche obscurantiste, c'est-à-dire fondée sur le texte sacré et l'autorité des Anciens (Aristote et les Pères de l'Église). À l'époque, personne n'avait vu l'erreur de Galilée : il n'y a qu'à lire *in extenso* les cinq pages d'attendus de la condamnation :nulle part n'est évoquée une quelconque faute de raisonnement. Seul le refus de l'autorité des saints Pères est invoqué.

Plus généralement sur la Science

Disons deux mots sur une certaine évolution de l'Église. Très schématiquement, on peut distinguer une Église rationnelle, en tout cas à partir du bas Moyen Âge (XIIIe siècle), s'appuyant sur Aristote, puis une Église antirationaliste (antiscientiste ?) jusqu'au XXe siècle. Voici des extraits de *Providentissimus Deus*, lettre encyclique, donnée à Rome, près de Saint-Pierre, le 18 novembre de l'année 1893 :

« DE SA SAINTETÉ LE PAPE LÉON XIII

> *Maintenant, nos adversaires principaux sont les rationalistes, [...]. Or il est trop évident qu'autant les sciences naturelles sont propres à manifester la gloire du Créateur gravée dans les objets terrestres, pourvu qu'elles soient convenablement enseignées, autant elles sont capables d'arracher de l'esprit les principes d'une*

a. Il est d'ailleurs difficile d'admettre qu'on menace quelqu'un du bûcher pour une faute de calcul !

> *saine philosophie et de corrompre les mœurs lorsqu'elles sont introduites avec des intentions perverses dans de jeunes esprits. [...] Les livres entiers de l'Ancien et du Nouveau Testament, dans toutes leurs parties, [...] doivent être regardés comme sacrés et canoniques. L'Église les tient pour sacrés et canoniques non parce que, rédigés par la seule science humaine, ils ont été ensuite approuvés par l'autorité de ladite Église ; non parce que seulement ils renferment la vérité sans erreur, mais parce que, écrits sous l'inspiration du Saint-Esprit, ils ont Dieu pour auteur.* »

On n'est pas très loin ici d'une Bible qui, comme le Coran, serait incréée, c'est-à-dire constituée des paroles de Dieu.

L'Église de Jean-Paul II est plus subtile. Elle peut aller jusqu'à se revendiquer des travaux modernes d'Isabelle Stengers, d'Ilya Prigogine, d'Edgar Morin, de la mécanique quantique, de la théorie du chaos, voire des théorèmes de Gödel pour justifier, avec l'onction des plus grands savants, l'inintelligibilité de ce bas monde par la seule science. En effet, on ne voyait jadis aucune contradiction entre la connaissance de la nature (la physique) et le Livre : la vérité étant une, tout devait concourir à l'admiration de l'œuvre du Seigneur. Las ! Les progrès de la science vont rendre cette concordance moins évidente, d'où la lutte contre « le scientisme borné ». Mais, Dieu soit loué ! le salut va venir des sciences elles-mêmes lorsqu'elles vont – apparemment – remettre en cause l'horrible déterminisme matérialiste.

Jean-Paul II, dans un catalogue à la Prévert, en tout cas, difficile à suivre pour un scientifique, affirme :

> « *Les mathématiques n'ont cessé d'être perfectionnées, aussi aujourd'hui la topologie permet-elle d'écrire des modèles mathématiques qui permettent de rendre*

raison des phénomènes vitaux ; des philosophes de la nature comme Edgar Morin ou Prigogine et Stengers le montrent avec éclat. Si les ruptures avec l'aristotélisme sont déjà anciennes, puisqu'elles commencent dès la Renaissance, un autre pas a été franchi en biologie au cours de ces dernières années. Les modèles issus de la science de l'information et de la cybernétique décrivent le devenir. Les modèles cybernétiques introduisent la téléonomie et renouent avec la finalité. Les équations de la thermodynamique montrent une tendance naturelle vers l'ordre et donnent sens aux expressions telles que ordre par fluctuation, ordre à partir du chaos, car des interactions sont mises en œuvre selon des lois rigoureuses exprimées dans le langage mathématique. Le devenir est ainsi saisi par la science mathématisée. »

Notons, comme déjà signalé, un certain retour en arrière de Benoît XVI, que ce soit à propos du procès de Galilée ou du darwinisme. Il n'a, de son point de vue, pas tort : la religion ne doit pas chercher à être aimable, mais « vraie » : à force de vouloir coller au siècle, la religion risque de s'y dissoudre.

Nous avons davantage traité des relations entre la science et l'Église catholique plutôt qu'avec les religions protestante, juive ou musulmane, pour une raison simple : cette première a une représentation officielle appuyée sur une hiérarchie bien contrôlée, avec ses papes, ses cardinaux et ses évêques tirant par délégation leur légitimité de saint Pierre. Elle est structurée – et, en principe, disciplinée – comme une internationale. Il est donc relativement facile d'en suivre l'évolution. Rien de tel chez les autres religions.

Par exemple, Luther et Calvin, pères fondateur du protestantisme, ont condamné bien avant le pape le système de Copernic, puis silence, et on verra très vite pléthore de savants protestants adhérer sans problème à la doctrine maudite.

Citons ce joli passage de Kepler, protestant, contemporain de Galilée :

> « *Sans doute la langue de Dieu est-elle quelque chose d'important, mais le doigt de Dieu n'a pas moins d'importance. Et qui niera que la langue de Dieu n'ait été adoptée à son dessein et, à cause de cela, à la façon ordinaire de parler des hommes ? Par conséquent, détourner la langue de Dieu dans les choses absolument évidentes pour qu'elle réfute le doigt de Dieu dans la nature, voilà ce que toute personne vraiment religieuse évitera le plus possible.* »

Et peu, voire pas, de réactions de son Église !

L'affaire « des deux Livres » est le problème récurrent des chrétiens, juifs et musulmans. À chaque fois que la lecture du « Livre de la nature » a été contrainte par celle du « Livre sacré », le résultat a été catastrophique. L'Église catholique s'est, en son temps, systématiquement opposée à toutes les découvertes scientifiques majeures : de Copernic sur le mouvement de la Terre à Buffon sur l'âge non biblique de la Terre, puis à Darwin sur la théorie de l'évolution[a].

---

a. L'absence de grands scientifiques en Espagne et au Portugal où l'Inquisition a été la plus terrible, la stagnation scientifique du monde arabo-musulman après l'âge d'or, l'apparition tardive de scientifiques juifs, doivent peut-être avoir un rapport avec cet abrutissement.

Sur les questions de mœurs (accouchement sans douleur, avortement, contraception, divorce)[a], la lecture littéraliste peut entraîner des conséquences pratiques dramatiques.

Alors, contre la science ou à côté ?

Lus par des athées de la même façon qu'ils lisent tous les autres livres, le Coran ou la Bible offrent des récits extrêmement poétiques (et emberlificotés) qui narrent des histoires mythiques et affirment une vision archaïque du monde (physique et morale).

Pour les croyants, alors qu'on insistait jadis sur la clarté du texte, on se prévaudra maintenant de son obscurité pour l'interpréter. Mieux, on identifiera obscurité avec profondeur. Notons que cette interprétation évolue en permanence, non pas grâce aux textes, mais en dépit de ceux-ci, contraints par les progrès moraux et scientifiques de la société. Le travail des commentateurs est alors un travail permanent d'arrière-garde qui vise à sauver ce qui peut l'être de la « révélation divine ».

De par leur origine, nourris des croyances antiques, les Livres sacrés sont évidemment en dehors de la science moderne ; leur ânonnement *ad nauseam* qui continue encore au XXIe siècle dans les yeshivas (juives) ou madras (coraniques) est clairement dirigé contre : c'est l'apprentissage de l'irrationnel, de l'autorité de Dieu et, plus concrètement, de ses lieutenants sur Terre. Cela concerne des dizaines de millions de jeunes.

---

a. Voir deux témoignages accablants de l'état des lieux par deux auteurs croyants : Georges Minois[62] : *L'Église et la science. Histoire d'un malentendu sur l'enseignement chrétien aux XIXe et XXe siècles*, et Nidhal Guessoum[43] : *Réconcilier l'Islam et la science moderne. L'esprit d'Averroès, sur l'enseignement actuel dans les pays musulmans*.

Cet abrutissement a, évidemment, des causes et des conséquences politiques (par exemple, nous l'avons vu, la Bible justifierait la colonisation juive en Palestine) ; mais c'est ici un autre sujet. Comme est un autre sujet, la dynamique de la lutte de ceux qui pensent combattre l'obscurantisme en restant à l'intérieur des moules sacrés. Je crois que s'ils ne vont pas jusqu'à la lecture des textes « à la Galilée » ou « à la Spinoza », ils seront défaits. La disparition spectaculaire de Tariq Ramadan[a] de la scène internationale n'est pas seulement due à l'accusation (fondée ou pas) de viols portée contre lui, mais illustre l'impasse de ceux qui veulent lutter contre les obscurantistes tout en affirmant la fidélité aux textes sacrés et à la tradition. Et Dieu sait si Tariq Ramadan se sera livré à un véritable travail de bénédictin pour assurer la cohérence du texte sacré avec les connaissances modernes !

Peu de grands scientifiques modernes sont croyants et aucun n'est littéraliste. C'est en restant à côté de la lettre des textes sacrés que de grands savants comme Pasteur ou Lemaitre ont apporté leur immense contribution à la science.

Les « relativistes » scientifiques, ceux qui considèrent que le point de vue scientifique n'est ni plus ni moins fondé qu'une croyance, font la part belle aux littéralistes religieux : comment croire, en effet, des « scientifiques » qui affirment que la Terre est âgée de 4,55 milliards d'années, qu'*Homo sapiens* est apparu il y a quelque deux cent mille ans à la suite d'un long processus, si la science est une opinion comme une autre ?

---

a. Nommé parmi les cent intellectuels les plus influents du monde (*Global Thinkers*) en 2006, 2008, 2009, 2010, 2012, 2013 et 2014 (51e rang), selon les lecteurs de *Foreign Policy USA* et de *Prospect Magazine UK* (source : Wikipedia).

Sur les croyances religieuses « rationnelles »

Outre les raisons « indiscutables », comme la foi et/ou la tradition culturelle, donc impossibles à contester, il y a les biais cognitifs déjà largement évoqués. Mais il y a également eu des arguments « rationnels », donc pouvant être soumis à une argumentation.

– Pour les catholiques, il y avait les miracles. La position officielle est maintenant plus ambiguë. Par exemple, on n'affirme pas l'authenticité de la tunique de Turin, mais on l'expose à l'adoration des fidèles (c'est l'ostension du suaire). On parle davantage de « témoignages » plutôt que de réalité.

– Au Moyen Âge, c'est le Dieu créateur et le « premier moteur » d'Aristote : *Quicquid movetur, ab alio movetur* (« Ce qui est en mouvement doit bien avoir été mis en mouvement »). Galilée et Newton vont mettre à mal cette théorie, par le principe d'inertie, en rendant ce « moteur » inutile : les planètes peuvent bien tourner sans moteur autour du Soleil.

– Au XVIIIe siècle, ce sera alors le vicieux du « Un peu de science éloigne de Dieu, beaucoup en rapproche[a] » quand on découvre l'extraordinaire complexité du vivant. C'est la fable du révérend Paley : pas d'horloge (censée représenter les mécanismes subtils du vivant) sans horloger (Dieu). Résumons sa démonstration. Si, en vous promenant, vous écrasiez une pierre et en examiniez les débris, vous pourriez en conclure que ceux-ci sont distribués au hasard ; mais si vous piétiniez une horloge en chemin, l'hypothèse la plus probable – et de loin – serait que leur existence ne peut être due à « la fabrication puis à l'assemblage hasardeux des diverses pièces de son mécanisme subtil » ; elle révèle nécessairement un

a. Plus tard attribué à Pasteur, mais nous n'en avons jamais retrouvé la référence.

« dessein supérieur »[65]. Paley était certes pasteur et non scientifique. Mais les créationnistes actuels ou les partisans de l'*intelligent design* n'ont pas trouvé mieux que l'argumentation développée par ce dernier il y a plus de deux siècles.

Darwin va briser cet *intelligent design* admis par à peu près tous les savants jusqu'à la deuxième moitié du XIXe siècle. Les « temps profonds » (Terre âgée de 4,55 milliards d'années, supérieurs aux 6 000 ans de la Bible !) sont à la fois très difficiles à imaginer et – hélas ! – indispensables pour expliquer l'effectivité du mécanisme darwinien et donc la complexité du vivant.

Ces temps profonds rendent compte également de la simplicité et de la stabilité du Système solaire (preuve, pour Newton, de l'existence du Créateur). Je conclurai par un dialogue rapporté entre Laplace et Napoléon :

> *« Monsieur de Laplace, je ne trouve pas dans votre système mention de Dieu ? – Sire, je n'ai pas eu besoin de cette hypothèse. [...] Cette hypothèse, Sire, explique en effet tout, mais ne permet de prédire rien. En tant que savant, je me dois de vous fournir des travaux permettant des prédictions. »*

Sur l'opinion publique et la science

La science a aujourd'hui mauvaise presse dans certains milieux. Ceux-ci sont peut-être minoritaires, mais infusent dans toute la société. L'une des raisons en est qu'on a fréquemment voulu faire passer pour vérités scientifiques « indiscutables[a] » des choix à forte charge politique. Le pas est alors vite franchi : on pourrait faire dire

a. En contradiction absolue avec les idées de Popper pour qui ne peut être scientifique que ce qui est discutable (« falsifiable »).

n'importe quoi à la science. De plus, le grand public ne connaît la science que par ses applications, des meilleures aux pires. Voilà pourquoi l'euphorie qu'elle a engendrée au XIXe siècle laisse aujourd'hui place au scepticisme, en tout cas dans les pays riches.

Ce désenchantement, accentué par la « découverte » que le progrès scientifique ne coïncide pas nécessairement avec le progrès social, explique le succès d'un relativisme mondain, doutant du statut particulier de la connaissance scientifique : la démarche scientifique, comme toute construction humaine, ne pourrait échapper à sa détermination sociale. Il y aurait la science des Blancs, des Noirs, des femmes, des minorités opprimées, etc. Mais la science tout court serait une mystification. Cette désillusion a également favorisé le renouveau de divers fondamentalismes religieux, soit sous leur forme caricaturale comme le créationnisme, soit sous la variante plus présentable du « dessein intelligent ». Pour Galilée, le livre de la Nature était écrit dans le langage mathématique. Pour les littéralistes (tenants d'une lecture à la lettre des livres sacrés), il serait figé dans l'écriture de la Bible ou du Coran.

Ce nouvel obscurantisme s'exprime différemment selon les contextes.

Schématiquement, on assiste, d'une part, dans les pays développés – mais pas exclusivement –, à un scepticisme croissant ; d'autre part, dans les pays pauvres – mais pas exclusivement non plus –, à un développement des fondamentalismes religieux.

Dans les pays riches, le rejet de la science se nourrit de la croyance que ses applications industrielles ou militaires seraient les conséquences inéluctables du développement scientifique. Beaucoup de ces applications, dont les motivations sont en fait économiques ou politiques, affectent la santé, l'emploi ou l'environnement avec des effets souvent jugés négatifs ou dangereux. Les réactions sont alors salutaires. Mais celles-ci risquent d'être stériles si les protestataires prennent pour argent comptant la propagande même des groupes de pression, propagande qui justifie des options éminemment politiques ou sociales par des nécessités prétendument « scientifiques ». Admettre la responsabilité de « la science » dans ce type de décisions et donc renoncer à l'utiliser pour, éventuellement, questionner ces options, c'est capituler en rase campagne en abandonnant l'avantage de la rationalité au camp adverse. Einstein n'est pas plus responsable de la bombe atomique à cause de sa fameuse formule ($E=mc^2$) que Galilée ne l'est de la chute d'un Boeing à cause de sa loi de la chute des corps .

Dans les régions pauvres, le maintien de la mainmise brutale des principales puissances économiques suscite une réaction naturelle de défense de la part des populations qui en sont les victimes[a]. Dans les pays de culture islamique, après le recul des mouvements nationalistes laïques, le renouveau des fondamentalismes religieux apparaît souvent comme une forme radicale de résistance matérielle et culturelle. Ailleurs, la prolifération de sectes évangéliques, malgré des implications politiques différentes, assure la même fonction : allier une entraide matérielle réelle à une exigence de dignité, voire de rédemption morale. Il ne s'agit pas tant ici d'une régression par rapport à la rationalité du Siècle des lumières que ces pays n'ont pas ou peu connue, que d'une identification de cette rationalité aux « bienfaits de la civilisation occidentale ». La lutte nécessaire contre les superstitions religieuses devra tenir compte de cette méfiance.

Qu'appelle-t-on « science » ?

La plus grande confusion règne sur le mot « science ». Comme clairement exposé par Sokal et Bricmont[76], iI peut désigner, au moins :

a. Voir les réactions violentes de Gandhi contre la médecine moderne (anglaise) et les transports ferroviaires (anglais aussi).

(1) outre la somme des connaissances acquises, la recherche rationnelle de lois permettant de comprendre (et d'agir sur) les processus de la nature (voire de la société) et aboutissant à des résultats universels, c'est-à-dire indépendants de la personnalité qui les énonce (même s'il est en général, aujourd'hui, mâle, blanc, écrivant l'anglais et d'origine sociale plutôt favorisée). Ces lois sont donc en principe testables par toute fraction de la communauté humaine ;

(2) les institutions publiques et privées censées l'organiser et la financer (avec le poids des intérêts sociaux et politiques correspondants) ;

(3) l'ensemble des conséquences pratiques des recherches, qui vont de l'invention du BCG à la bombe à neutrons en passant par le maïs transgénique, bien souvent appelé « technoscience ».

Certes, ces trois acceptions sont liées : la recherche (1) est le fait d'individus vivant en société et aujourd'hui regroupés pour la plupart dans de puissants organismes (2) qui doivent se justifier socialement (3). Le relativisme est tout à fait justifié s'il s'applique aux définitions (2) et (3) de la science : il est effectivement sain de ne pas confondre « recherche » avec ministère de la Recherche (ou, pire encore, ministre de la Recherche !), « justice » avec ministère de la Justice. Mais il peut déboucher sur un scepticisme stérile, voire sur l'obscurantisme, quand il s'applique à l'acception (1) de la science. Ces catégories ne sont pas étanches : l'effectivité du pouvoir s'appuie évidemment sur celle des connaissances[12]. Mais les logiques de développement sont distinctes, voire antagoniques. Il n'y a qu'à voir comment la question des brevets limite la libre circulation des informations.

Bien entendu, la définition (1) représente un idéal. La recherche scientifique au sens premier est le fruit de savants qui sont des hommes (plus rarement des femmes) plus ou moins imbus des préjugés de leur époque, ce que montre l'exemple cité du racisme de Cuvier.

3 Qui croire ?

« Dans leurs mensonges, il y a des vérités. »

Victor Serge[a]

« Le mélange de vrai et de faux est énormément plus toxique que le faux pur. »

Paul Valéry

Il est tentant – et rassurant – d'expliquer la crédulité par l'ignorance scientifique. D'où l'idée naturelle d'éduquer davantage et mieux la population[b]. Qui pourrait s'opposer à ce projet si manifestement émancipateur ? Mais cette ignorance scientifique est loin d'être une ignorance absolue : elle se double d'un savoir réel fondé sur l'expérience et la tradition. Cette expérience, toujours parcellaire, est – consciemment ou non – interprétée en fonction d'une représentation générale du monde.

---

a. À propos de la propagande stalinienne.

b. Mais ce n'est pas suffisant : peut-on raisonnablement penser que les trois présidents de la République que nous avons mentionnés (Mitterrand, Giscard d'Estaing et Macron), aient manqué de culture au point de se faire rouler un temps par des charlatans ? Il est vrai que la culture scientifique ne fait pas partie de ce qui est généralement considéré en France comme « la culture ».

Prenons le cas emblématique de la vaccination anti-Covid. L'écrasante majorité de la population ne comprend pas comment opèrent ces vaccins[a]. Alors on se fait vacciner (ou non) parce qu'on accorde (ou non) crédit aux « autorités », qu'elles soient médicales, religieuses ou politiques. Mais le problème est que les positions de ces autorités se contredisent et varient dans le temps. Pour se repérer dans cette jungle reste un recours bien subjectif : la confiance qu'on peut accorder aux intervenants. Cette confiance repose sur ce qu'on connaît de leur activité passée, pas seulement sur le terrain médical et peut-être même pas prioritairement. L'idée est qu'on peut alors juger en connaissance de cause en généralisant son opinion à un domaine où l'on est incompétent.

Comment croire, en effet, les recommandations de personnes qui ont d'abord expliqué que le masque était inutile ou ont laissé se développer le scandale du Médiator ou du Chlordécone[b]. Et, plus profondément, pour bien des citoyens issus des couches les plus pauvres de la société, comment croire des autorités qui n'ont jusque-là pas vraiment fait preuve de sollicitude à leur égard ? L'expérience faite par ces milieux les plus défavorisés (socialement

---

a. Concernant, par exemple, l'acide ribonucléique messager, chacun « comprend », comme Wikipédia l'explique, que : « L'ARN est une copie simple brin linéaire de l'ADN composée d'ARN, qui comprend la région codant une protéine encadrée de régions non codantes. Il est synthétisé sous forme de précurseur dans le noyau de la cellule lors d'un processus appelé transcription. Il subit alors plusieurs étapes de maturation, ses deux extrémités sont modifiées, certaines régions non codantes appelées introns peuvent être excisées lors d'un processus appelé épissage. L'ARNm maturé est exporté dans le cytoplasme où il est traduit en protéine par un ribosome. L'information portée par l'ARNm est constituée d'une série de codons, des triplets de nucléotides consécutifs qui codent chacun un acide aminé de la protéine correspondante… »

b. Voir dans *Le Monde* du 6/06/18, l'article au titre révélateur : « Les Antilles empoisonnées pour des générations ? ».

et culturellement) ne milite pas en faveur de cette confiance. Voilà pourquoi il est logique de côtoyer des slogans anti-gouvernementaux dans les manifestations anti-passe sanitaire. Ce mélange est peut-être regrettable, mais il n'est pas artificiel.

Du faux protégé par des éléments de vrai

On ne pourra jamais être efficace contre les diverses *fake news* anti-vaccins sans reconnaître la part éventuelle de vrai dans la propagande de leurs partisans – même quand elle nous semble globalement délirante. Et il est vrai qu'outre les incertitudes inévitables liées à la nouveauté de l'épidémie, les autorités ont louvoyé et menti. Vrai également que les trusts pharmaceutiques sont fondamentalement mus par la recherche du profit et que, dans bien des cas, cette recherche effrénée s'est opérée au détriment de la santé des patients[a]. Mais elle a permis également des avancées spectaculaires. Les sources de financement et la motivation de la recherche peuvent légitimement semer un doute, mais ne suffisent pas à en disqualifier les résultats.

Inversement, le vrai peut se trouver très vite corrodé par du faux, c'est-à-dire par de mauvaises démonstrations, telle la goutte de fiel dans un tonneau de miel. Ainsi, le Pr Raoult se verra largement conforté par le désastreux article[28] susmentionné de *The Lancet*.

a. Les laboratoires Sanofi et Servier ont réalisé des millions de dollars de profit en vendant pendant des années respectivement la Depakine et le Médiator sous l'œil bienveillant des instances de contrôle sanitaire. Des dizaines de milliers de patients ont été gravement impactés.

Que faire ?

La restauration de la confiance envers les autorités est un vaste programme politique que nous n'aborderons prudemment pas et qui peut difficilement nous rendre optimistes. C'est malheureusement une condition *sine qua non* d'immunisation aux *fake news*. Dans la mesure où personne n'est aujourd'hui capable de dominer l'ensemble des applications scientifiques, on doit se résoudre à faire confiance ; mais savoir pourquoi et à qui suppose une meilleure culture scientifique de la population. Ce qui est encore un immense sujet que nous n'aborderons que par le biais de l'éducation scolaire. Ce n'est certainement pas une panacée, mais au moins un domaine où l'on peut essayer d'agir.

Bien (culturel) mal acquis ne profite jamais

« Les voies par lesquelles les hommes arrivent à comprendre les choses célestes me semblent aussi admirables que les choses elles-mêmes. »

Kepler, *Astronomie nouvelle.*

Cette pensée de Kepler est profonde ; elle devrait servir de philosophie à notre enseignement scolaire.

On apprend de ses erreurs, certes, mais aussi et surtout de celles des autres : elles sont – évidemment – mieux acceptées et surtout infiniment plus nombreuses et diversifiées. Or l'enseignement actuel repose essentiellement sur la transmission de connaissances établies et stabilisées. Les « vérités » de la science n'ont été « révélées » (il vaudrait évidemment mieux dire « comprises » !) qu'à la suite inévitable d'erreurs, de voies de garage, d'expérimentations, de théories, de polémiques et d'approximations. Tous les écoliers répètent de façon disciplinée que, contrairement aux évidences, c'est la Terre qui tourne autour du Soleil et non l'inverse. Mais en sont-ils convaincus[10] ? Ont-ils compris pourquoi et comment on en est arrivé là ?

Bien entendu, la lourdeur des programmes ne permet pas un enseignement systématique de l'histoire des sciences, mais il nous semble important qu'au moins les enseignants en aient un bagage minimum[36] et si possible actualisé. On n'enseigne pas de la même façon la théorie de l'évolution quand on a lu (et fait lire) le révérend Paley[65].

Présenter la science comme un dogme qui s'opposerait à celui des croyances littéralistes est évidemment stérile. La science propose des *explications* et progresse en confrontant expériences et théories ; en revanche, les croyances littéralistes sont des *interprétations* de textes figés ; elles changent également, mais sans dynamique propre, contraintes par les nouvelles connaissances scientifiques et l'évolution des mœurs. Après bien des résistances, bien des religieux admettent maintenant le mouvement de la Terre et l'égalité homme-femme.

Reste que la science s'oppose bien au « sens commun » souvent revendiqué dans les *fake news* : la science s'est largement construite contre lui. C'est peut-être là le principal enseignement de l'histoire des sciences.

Du visible compliqué à l'invisible simple

Le paradoxe est que les *fake news* combattent la science tout en tentant de l'imiter. C'est une des raisons de leur succès.

Le très grand savant Jean Perrin a proposé[66] cette jolie synthèse : « La science remplace du visible compliqué par de l'invisible simple[a]. »

Il était bien placé pour le dire : c'est lui qui a mis en évidence l'existence des atomes au début du XXe siècle, clôturant ainsi un débat ouvert par l'intuition de Démocrite, il y 2 500 ans. Les atomes (invisibles) sont la clé du visible. Plus généralement, toutes les théories scientifiques illustrent cette démarche. Peut-on considérer, par exemple, les virus et les gènes, voire même les équations de la physique, comme des invisibles simples ?

Il y a là, dans cette synthèse de Perrin, certainement une bonne description de la démarche scientifique, mais pas seulement : les divers mythes religieux, comme les théories du complot, cherchent également (et croient trouver) cet « invisible simple ». Pour bien des croyants – mais pas tous –, c'est Dieu. Et, pour les partisans des complots, l'intervention de puissants (humains) cachés qui tirent les ficelles donne finalement une cohérence à ce qu'on ne comprend pas.

Enfin, l'éloge du doute[64] est aussi un apanage de la science. Mais si, à juste titre, les scientifiques doutent, ils ne font pas que ça ; ils prouvent aussi (en tout cas, quelquefois !).

Le danger de l'originalité, c'est l'erreur[b]. Le lecteur aura pu constater que l'auteur s'est soigneusement protégé de cet écueil : aucun des thèmes traités n'est véritablement nouveau. Seuls le sont peut-être leur analyse conjointe et leur replacement dans l'histoire et la société.

---

a. Y-a-t-il un rapport avec le rôle des idées chez Platon ?

b. Encore que la répétition de lieux communs n'immunise pas nécessairement !

Démêler l'écheveau des croyances fausses est une tâche complexe et probablement sans fin, aussi nous ne prétendons pas convaincre les soutiens enragés du Pr Raoult ou les témoins de Jéhovah avec ce livre qu'ils ne liront d'ailleurs pas. Avec moins de prétention, nous nous adressons à celles et ceux qui quotidiennement doivent affronter le questionnement des victimes des *fake news*, en espérant les avoir aidés avec cette petite histoire critique et bien parcellaire des « mauvaises fois » de toute obédience.

Postface

Depuis qu'Hubert Krivine a conçu, il y a environ deux ans, l'idée de ce livre, nous avons passé de longs moments à discuter des différents fils par lesquels il était possible d'attraper le sujet des *fake news* et des « faits alternatifs » en science. Ils sont, en réalité, si nombreux qu'il nous est même venu l'idée de restituer simplement le foisonnement de ces discussions : depuis une lecture littérale de la Bible, qui contient des informations de première main – non, de première Parole – sur les origines du monde et du vivant, jusqu'au scientifique qui truque ses résultats, en passant par cet autre qui s'entête dans une erreur avérée et ce troisième qui use d'une parole d'autorité acquise dans un domaine pour proférer, par goût du pouvoir ou par corruption, des inepties dans un autre, sans oublier les Chevaliers de la Terre plate et les adeptes du créationnisme, les exemples ne manquent pas, qui déclenchent une variété de sentiments allant de la franche rigolade à l'effroi. Effroi, car observer le développement du complotisme a quelque chose d'effrayant, comme peut l'être une exposition non contrôlée à la folie.

Mais cette postface se borne à parcourir quelques exemples où se joue le rapport entre la réalité des choses et leur compréhension[a].

---

a. Par quoi l'on affirme d'emblée une démarcation par rapport à tout « relativisme ». Quand on a fait profession d'être physicien, où l'on se cogne au « réel objectif » comme lorsqu'on traverse la rue, comment faire autrement ?

Ce rapport s'est modifié récemment dans l'histoire de l'humanité, il y a environ trois siècles, lorsque furent mis au point, à partir de l'étude de phénomènes physiques, les protocoles permettant de produire de la connaissance fiable. Fiable : explicative, partageable, prédictive, testable, améliorable, robuste. Mais l'espèce humaine avait produit pendant des dizaines de milliers d'années toutes sortes de récits possédant certains attributs, mais pas tous, de la fiabilité. Et comme l'habitude est une seconde nature, elle continue de s'y livrer, parfois de façon sidérante, comme dans le cas de *fake news* et autres post-vérités.

L'invention d'un concept

Kellyanne Conway sur NBC

La scène se passe en direct sur la chaîne américaine NBC News, le 22 janvier 2017, deux jours après l'investiture de Donald Trump à la présidence des États-Unis. Le journaliste Chuck Todd interroge Kellyanne Conway, conseillère en communication du président, à propos d'une déclaration, la veille, de Sean Spicer, porte-parole de la Maison Blanche, concernant l'ampleur de la foule ayant assisté à cette investiture. Spicer avait affirmé à la presse que Trump avait attiré la plus large foule ayant jamais assisté à une investiture, aux États-Unis ou ailleurs dans le monde. Mais comme il existe de nombreux enregistrements filmés des investitures précédentes, notamment celle d'Obama en 2009 qui a rassemblé un record de près de 2 millions de personnes, alors que celle de Trump a réuni autour de 2 à 300 000 personnes, Spicer s'était fait moquer par une presse que Trump avait accusée le 16 janvier de propager des « *fake news* », de fausses nouvelles. Et c'est là qu'intervient le moment de création !

Il faut vraiment regarder la vidéo de l'événement sur Youtube. Chuck Todd demande à Kellyanne Conway : « Pourquoi Donald

Trump envoie-t-il son porte-parole, qui n'est pas seulement son porte-parole, mais qui s'exprime à l'occasion au nom de la nation tout entière, pourquoi, alors que c'est la première fois du mandat, l'envoie-t-il affirmer une chose dont on peut prouver qu'elle est fausse ? Il s'agit d'une chose sans importance, la taille de la foule, mais il intervient pour la première fois devant la presse, et c'est pour dire une contre-vérité ??!! » Kellyanne Conway répond : « Chuck, ne dramatisez pas à outrance. Vous dites que c'est une contre-vérité, en fait le porte-parole a donné (elle hésite une fraction de seconde) des faits alternatifs (*alternative facts*). » Elle veut poursuivre, mais Chuck Todd l'interrompt et s'étrangle à l'image : « Des faits alternatifs ?! », s'exclame-t-il. « Des faits alternatifs ne sont pas des faits, ce sont des contre-vérités ! » (*falsehood*, en anglais). Et voilà : le concept de « fait alternatif » a été créé. N'est-il pas de toute beauté ?

Il y a les faits, et les faits alternatifs : des faits à partir desquels on construit la réalité mentale que l'on désire, celle à laquelle on va croire, et appeler à croire, et à laquelle, quelles que soient les conséquences, on va forcer le monde à ressembler. On a bien le droit d'imaginer l'avenir, n'est-ce pas ? Le tragicomique qui surgit ici, et qui place le journaliste dans le plus grand désarroi, c'est qu'il s'agit d'une reconstruction du passé immédiat ! La communication de Trump banalisera la technique au cours des quatre années de son pouvoir : tout ce qui n'entre pas dans son monde « alternatif » relèvera des *fake news*, propagées par des médias « ennemis du peuple ».

Dans les jours qui ont suivi cet échange sur NBC News, le roman de George Orwell, *1984*, avec son personnage de Big Brother, figure métaphorique du régime policier et totalitaire, a refait surface, et ses ventes ont explosé. Aujourd'hui (4 février 2022), une recherche sur Google à propos de « Kellyanne Conway » donne 1 680 000 réponses, et de l'expression « *alternative fact* » 1 140 000.

Post-vérité

Cet épisode fait partie d'un ensemble plus vaste, d'un mouvement de ce qu'il faut bien appeler la pensée, parfois désigné par le mot de « post-vérité ».

La post-vérité, ce n'est pas du mensonge. Le mensonge se reconnaît comme tel, il fonctionne en couple avec la vérité, dans une relation d'opposition. La post-vérité, c'est un état qui se prétend au-delà du vrai et du faux, qui abolit cette distinction. La philosophe Myriam Revault d'Allonnes rappelle que la formule a été employée pour la première fois par l'essayiste américain Ralph Queyes en 2004, puis proclamée « mot de l'année » dans le dictionnaire d'Oxford en 2016. La post-vérité est définie comme « ce qui se rapporte aux circonstances dans lesquelles les faits objectifs ont moins d'influence sur le public que ceux qui se rapportent aux émotions ou aux croyances ».

On pourrait alléguer que la propagande ou la manipulation ont toujours procédé de cette façon, mais avec la post-vérité, c'est l'idée même de vérité qui devient indifférente et caduque. Il y a là une rupture essentielle avec le type de mensonges qui a eu cours (et encore aujourd'hui) dans les régimes totalitaires. Ces régimes construisaient une vérité officielle à laquelle chacun devait se conformer sous peine d'arrestation, voire sous peine de mort. Ces vérités s'opposaient à d'autres récits considérés comme faux. La post-vérité, elle, détache les faits de leur réalité objective au profit de récits ou d'opinions que chacun peut s'approprier. Les gens en arrivent à croire une information que pourtant ils savent fausse.

Ainsi, relatant le moment de son investiture, qui s'est déroulée sous la pluie, Donald Trump a affirmé que lorsqu'il a commencé son discours, le ciel s'est éclairci et que, de cette façon, c'est Dieu qui lui a exprimé son soutien. Le public, saisi, applaudit : ce serait tellement beau si c'était vrai, ça doit donc l'être. On pense au film de John Ford, *L'homme qui tua Liberty Valence*, et au mot de la fin : « *When the legend becomes fact, print the legend* » (« Quand la légende devient un fait, imprimez la légende »).

Pourquoi croyons-nousce que nous croyons ?

Inventer Dieu pour être dans son désir ?

Tentons la piste : nous sommes des êtres de désirs et d'intentions.

Le premier de ces désirs, sans doute le plus fondamental, est celui d'être désiré. Il suffit d'observer les interactions entre un bébé ou un jeune enfant avec ses parents pour mesurer le temps passé par les adultes à montrer à leur enfant combien ils le désirent, et par l'enfant à se construire autour de ce désir. Et ce besoin d'être désiré ne s'arrête certes pas à l'enfance.

Adultes, nous disons parfois : « Qu'on ne me dérange pas, je n'y suis pour personne ! » Certes, mais attention : c'est juste une façon de parler, n'est-ce pas ? Il ne faudrait pas que cela dure, c'est moi qui décide quand ça s'arrête ! Parce que si nous n'y sommes pour personne, vraiment pour personne, est-ce que nous existons seulement ? Nous pouvons tenir un peu, sur la lancée, « sans y être pour personne », comme ces personnages de dessins animés qui, emportés par leur élan, continuent de courir alors qu'ils ont passé le bord de la falaise et ne tombent que lorsqu'ils prennent conscience qu'ils n'ont plus de sol sous leurs pieds. Mais il est hors de question de couper pour de bon ces liens que nous avons tissés avec les autres, et qui, pour une grande part, nous font tenir debout. Pas comme des marionnettes, non – encore que ces liens puissent parfois nous manipuler – mais comme des êtres que les autres doivent, au fil des ans, conforter dans ce que nous sommes tout en nous permettant de vivre et d'avancer dans nos singularités. Mais, reconnaissons-le, il y a du fragile là-dedans, du risqué, peut-être de l'éphémère, on constate ça tous les jours, alors comment pérenniser cela ? Comment ne pas être sous la menace de la volatilité possible de ceux – les humains – auxquels nous nous remettons ?

Ça vaut le coup d'inventer Dieu, un Dieu qui nous désirerait, une fois pour toutes et à jamais !

Michel-Ange a représenté la création d'Adam. Dieu, père à barbe blanche, sérieux mais bienveillant, flottant dans les airs, vient de rompre le contact avec sa création : leurs index sont encore proches. Renversons à présent la perspective : c'est en réalité Adam, désemparé par sa solitude, rêveur éveillé, imaginant une histoire qui rendra compte de sa propre existence. Cet Adam-là, auquel chacun[a] peut s'identifier, représente l'humanité tout entière, une humanité en proie à une béance. Alors lui vient cette issue, d'avoir été voulu par un Dieu que lui-même invente dans ce dessein, d'être le produit du désir de ce Dieu, de son intention bienveillante[b].

Concevoir des intentions, percevoir des invariants

Dans la vie courante, nos désirs se manifestent sous forme d'intentions. Par un effet miroir, nous avons volontiers attribué à notre environnement naturel des intentions à notre égard. Intentions sur lesquelles, évidemment, nous devions pouvoir jouer, comme en témoigne la pratique des sacrifices humains ou celle de brûler les sorcières. Ainsi que le rappelle Hubert Krivine, l'argument d'intention du théologien William Paley a sans doute été le plus fort argument en faveur de l'existence de Dieu. Mais arrêtons-

a. En tout cas chaque homme !

b. Ça peut se compliquer : de Sumer à la Bible, le déluge, à dix siècles d'intervalle, remet les compteurs (presque) à zéro … Il y a des variantes, et des recoupements.

nous ici sur les deux types de conditions mentales qui sont nécessaires pour qu'une intention soit techniquement possible à concevoir : la faculté d'élaborer des représentations mentales, et la mémoire des invariants.

S'il n'existait aucune régularité dans le monde que nous percevons, comment pourrions-nous anticiper quoi que ce soit et nous projeter dans l'avenir que dessine une intention ? La première perception de ces invariants n'est-elle pas, d'ailleurs, la perception que nous avons de nous-mêmes, et que nous actualisons chaque matin en nous regardant dans la glace, comme pour vérifier que oui, c'est bien moi, le prolongement reconnaissable (ouf !) d'hier ? Notre cerveau est programmé pour cela : quelque chose demeure inchangé alors que tout le reste bouge autour de nous, c'est un invariant[a].

Les invariants, c'est aussi tout ce qui constitue la trame sur laquelle nous allons broder notre journée nouvelle : le double mouvement de la Terre qui fait revenir le jour et les saisons, la force de pesanteur qui conditionne notre corps et nos mouvements, l'agitation dans l'escalier, dans la rue, bref, tout ce rythme sur lequel nous allons pouvoir improviser notre partition du jour[b]. Même un virus a ses invariants qui, une fois repérés, permettent de « vivre

---

a. De ce point de vue, les bébés sont bien plus performants que les programmes d'intelligence artificielle. Pour que ceux-ci reconnaissent un chat, il faut leur montrer des millions d'images de chat, alors qu'un petit enfant identifie un éléphant après en avoir vu seulement quelques images. Et nous ne savons pas bien comment procède leur cerveau – et le nôtre. Si nous le savions, la question de l'intelligence artificielle serait résolue !

b. Car pourquoi ne pas invoquer ici une métaphore musicale, celle d'un morceau de Keith Jarrett, avec sa main gauche maîtresse des invariants rythmiques (dont il dit lui-même qu'elle « sait » plus de musique que lui !), et qui permet à sa main droite les fulgurances improvisatrices les plus inspirées ?

avec ». Et tous ces invariants, nous les avons dans le cerveau, stockés sous forme d'images mentales que nous pouvons convoquer à la demande[a].

Mais la science va au-delà du repérage des invariants, elle naît du besoin de les expliquer. Toute régularité observée est une loi de la nature qui demande explication. Mais ce besoin, cette demande, cette exigence, dans l'histoire de l'humanité, n'ont pas toujours été là. Ou plutôt, ils ont été là à des degrés divers, leur profondeur a pu varier au cours du développement des civilisations. On peut en effet se contenter de repérer les invariants, cela peut suffire pour agir. On peut caler les semences sur l'observation de l'existence des saisons sans savoir que celles-ci sont dues à l'obliquité de l'axe de rotation de la Terre par rapport au plan de sa trajectoire. On peut même découvrir, comme Kepler au début du XVIIe siècle, que les trajectoires des planètes sont des ellipses dont le Soleil occupe l'un des foyers, que les aires balayées en des durées égales par la droite allant du Soleil à une planète sont égales, et que le rapport du carré de la période d'une rotation complète au cube du demi-grand axe de l'ellipseest le même pour toutes les planètes… sans savoir vraiment pourquoi !

Comment savons-nous ce que nous savons ?

Les « bonnes explications »

La recherche de ces pourquoi (ou de ces comment : on répond souvent à un pourquoi par un comment), c'est ce qu'on appelle la science moderne. Était-elle inévitable ? Sans doute pas. La techno-

a. Un oiseau qui entreprend de construire un nid ne dispose-t-il pas de ces facultés ?

logie romaine s'est développée sans prolonger la science grecque. L'Occident médiéval a garni de moulins à eau toutes ses rivières sans connaissance théorique en hydrodynamique. Règles empiriques, essais et erreurs ont suffi. De grandes civilisations, comme la civilisation chinoise, ont produit des merveilles techniques sans avoir inventé la science moderne. Nous pourrions ne pas avoir envoyé d'hommes sur la Lune, nous pourrions ne pas avoir créé la physique quantique, la théorie de la relativité, la théorie de l'évolution, par conséquent pas de GPS, pas de téléphone portable, rien de ces 30 à 50 % de biens et de services qui incorporent, dans leur fonctionnement, la physique quantique, pas de compréhension des virus non plus. Ce n'était pas inscrit dans l'ADN humain.

Mais c'est arrivé, et c'est ce que nous avons de plus précieux. Quelque chose s'est donc cristallisé au XVIIe siècle en Europe, ce que David Deutsch nomme un « commencement de l'infini » : les lettrés de l'époque ont compris comment produire de la connaissance concernant la nature, sans autre limite que l'état des connaissances elles-mêmes à un moment donné. Cela se résume en trois points, précisant ce qu'en dit Hubert Krivine, qui caractérisent ce qu'est une bonne explication, une théorie explicative.

1. Une bonne théorie doit rendre compte d'un grand nombre de phénomènes (le plus grand nombre possible !) qu'elle met en relation les uns avec les autres.
2. Elle doit permettre de faire des prédictions testables (c'est la dimension poppérienne).
3. Elle doit être robuste, c'est-à-dire difficile à changer s'il se trouve qu'elle ne rend pas compte d'un phénomène qu'elle devrait expliquer (car les connaissances forment un réseau fortement interconnecté).

Typologie des connaissances/ignorances scientifiques

À un journaliste qui lui faisait remarquer, le 12 février 2002, qu'il n'y avait pas d'indice de lien direct entre le gouvernement irakien de Saddam Hussein et des groupes terroristes, Donald Rumsfeld, alors ministre de la Défense américain, fit une réponse elliptique que l'on peut résumer ainsi : il y a les choses qu'on sait, les choses qu'on ignore et les choses qu'on ignore ignorer. Façon sophistiquée de placer l'interlocuteur en position inconfortable et confuse (mais de qui parle-t-il ? Qui sait ? Qui ignore ? Parle-t-il de lui, de moi ? En sait-il plus qu'il ne veut en dire ? Etc.), d'autant que Rumsfeld précisait immédiatement dans un sourire qu'il ne préciserait pas dans quelle catégorie il plaçait l'information en question...

Toujours est-il que la classification, s'agissant des connaissances scientifiques, me semble pertinente, pourvu qu'on y ajoute une catégorie intermédiaire. Ce qui donne : il y a les choses qu'on sait bien, les choses que l'on sait moins bien, les choses qu'on ignore, et les choses qu'on ignore ignorer. Voilà qui permet de différencier déjà une opinion d'un énoncé scientifique : on peut avoir une opinion sur n'importe quel sujet (la fréquentation du premier bistro venu permet de s'en convaincre), mais il n'y a pas de réponse scientifique à n'importe quelle question. Tout chercheur est en permanence confronté à sa propre ignorance dans son domaine d'expertise.

Ce qu'on sait bien, c'est la connaissance établie, confirmée, celle qui, après avancées, reculs, fausses pistes et grandes avenues, finit par se stabiliser. Exemples : le Système solaire s'est formé il y a 4,5672 milliards d'années, avec une incertitude de quelques dizaines de millions d'années ; ou encore, un trou noir d'environ 4 millions de fois la masse du Soleil se trouve au centre de notre Galaxie ; ou encore, la molécule d'ADN contient l'information nécessaire pour fabriquer un individu ; ou encore, l'utilisation des combustibles fossiles produit une augmentation de la concentration en gaz à effet de serre de l'atmosphère terrestre, et cela induit un réchauffement global du climat de la Terre, avec les conséquences connues sur la fonte des glaces de mer et des glaces continentales, l'élévation du niveau des mers, la désertification des zones arides, l'aridification de zones tempérées, etc.

Plus que ces énoncés, d'ailleurs, c'est le processus qui a permis de les obtenir qui compte – nous y reviendrons. Les choses que l'on sait moins bien, c'est, pour nous en tenir au changement climatique, l'effet de ce réchauffement sur les nuages. En effet, la formation des nuages est un phénomène hors équilibre qu'il est difficile de modéliser de façon précise, or les nuages ont des effets contradictoires : accentuer l'effet de serre – ce qui a un effet réchauffant – et accroître la réflexion du rayonnement solaire – ce qui a un effet refroidissant. Conséquence : au fil des rapports successifs du GIEC, on constate que les incertitudes concernant la rétroaction du réchauffement sur les nuages ne diminuent pas. Autre exemple : les prévisions du changement climatique à l'échelle régionale sont incertaines, car dans les simulations numériques globales, la résolution numérique est limitée par la taille du système à modéliser, si bien que même avec les plus gros ordinateurs, la résolution spatiale est de l'ordre d'un point tous les 50 à 100 kilomètres. Avec une discrétisation aussi lâche, le mont Blanc n'existe plus, les cyclones ne sont pas décrits, etc. Cela n'invalide aucunement les résultats concernant la grande échelle, mais on comprend bien que les politiques climatiques régionales ont besoin d'évaluer les risques à une échelle plus fine. Cette problématique de la réduction de l'échelle de la prévision climatique est évidemment un dossier sur lequel les climatologues travaillent activement.

Les choses qu'on ignore, c'est plus simple : il s'agit de situations où la question est claire, mais la réponse absente. C'est donc ce sur quoi les chercheurs travaillent quotidiennement. Par exemple, nous ne savons pas comment se forment ces trous noirs supermassifs au centre des galaxies. Prenons un autre registre, celui des cancers. Comme le Centre international de recherche sur le cancer (CIRC) nous apprend que la majorité des cancers sont liés à l'environnement, l'attribution de la cause d'un cancer chez un individu particulier peut être très difficile à établir, tant les causes peuvent être multiples.

Enfin, reste la catégorie des choses qu'on ignore ignorer. Un bref examen suffit pour se convaincre qu'elles sont bien partie intégrante, constitutive, du processus de production des connaissances. En fait, la production de connaissances produit en même temps de l'ignorance, mais de l'ignorance dont on ne pouvait soupçonner l'existence, de l'ignorance qu'on ignorait. Comment s'interroger sur les propriétés des atomes avant de savoir qu'ils existent ? Comment s'interroger sur la structure chimique des gènes avant la découverte de l'ADN ? L'ignorance ignorée se transforme en ignorance tout court, que le travail des chercheurs vient combler tout en produisant de nouvelles ignorances. C'est à un tel travail de transformation que s'est livré en 1944 Erwin Schrödinger, cofondateur de la mécanique quantique, dans son essai *Qu'est-ce que la vie ?*.

Faits et valeurs

Il est temps à présent de synthétiser de quoi est faite la connaissance scientifique. On distingue volontiers, voire on oppos esouvent, Faits et Valeurs. Les Faits relèveraient du monde naturel, objectif, celui qui s'impose à nous ; les Valeurs procéderaient de choix non contraints, sinon de quelques principes assurant la survie du groupe mais laissant place à une grande variété de Valeurs et de combinaisons de ces Valeurs. Mais il s'agit là d'une vision très appauvrie de la science. La part scientifique de notre cerveau ne se comporte pas comme un maniaque qui collectionnerait les « Faits » dans notre mémoire. C'est un petit curieux qui a l'intuition qu'au-delà de l'infinie variété des formes, il existe un ordre à découvrir. C'est un maniaque qui collectionne les explications.

Les Sumériens avaient observé dans le ciel que presque tous les astres avaient un mouvement d'ensemble, un mouvement de rotation d'est en ouest, mais que cinq d'entre eux faisaient exception, que les Grecs nommèrent « planètes ». Et pour ces astres errants qui semblaient n'en faire qu'à leur tête, ils reposèrent la même question : y a-t-il des invariants dans leur mouvement ? Comme le cercle était conçu comme la forme parfaite, ils tentèrent des combinaisons sophistiquées de cercles dont les centres se déplaçaient eux-mêmes sur des cercles[a].

Puis Copernic trouva au milieu du XVIe siècle des invariants plus simples, en plaçant le Soleil au centre du Système solaire. Et Kepler parvint à identifier les trajectoires comme elliptiques, et à donner des expressions mathématiques à la façon dont les planètes se déplaçaient sur ces ellipses. Mais Newton représente une rupture dans cette progression, car il est parvenu à calculer ces trajectoires, et ce qu'il fallait mettre en place conceptuellement pour cela a permis de traiter bien d'autres mouvements : on calcule toujours le coefficient de pénétration d'une voiture dans l'air à partir des mêmes principes.

Expliquer, c'est donc être capable d'élaborer un monde abstrait qui fonctionne dans la pensée comme les phénomènes dans le monde réel. La condition pour y parvenir, c'est de se demander pourquoi on voit ce qu'on voit. C'est reconstruire le réel par la pensée. La science n'est pas constituée de Faits, mais d'explica-

---

a. La version moderne de cette approche s'appelle « une décomposition en série de Fourier »...

tions[a]. Ces explications, on les invente, on les crée, elles ne se déduisent pas de l'observation, elles l'anticipent bien souvent, ne serait-ce que parce qu'elles indiquent ce qu'il est intéressant d'observer.

L'idée que l'augmentation de la concentration de l'atmosphère en gaz carbonique devrait produire un réchauffement global a précédé de loin son observation empirique. Svante Arrhenius en proposa un premier calcul en 1896, suivi par d'autres. Ces calculs motivèrent Charles Keeling à procéder à un suivi systématique de cette concentration à partir de 1953 à Hawaï, suivi qui se poursuit encore aujourd'hui avec la collaboration de son fils. La confirmation empirique de la prédiction théorique selon laquelle la troposphère devrait se réchauffer mais la stratosphère se refroidir date des années 1990. Cette confirmation permettait d'attribuer sans ambiguïté le réchauffement à l'activité humaine et non à d'autres causes, comme des variations de l'activité solaire qui, si elles étaient la cause cherchée, réchaufferaient toute la colonne atmosphérique. Revenons un instant, à l'aune de ce que nous avons rappelé quant à la production de connaissances, sur le déni climatique comme étude de cas.

De l'erreur à la persistance dans l'erreur : le déni climatique à la française

Hubert Krivine aborde dans son livre le déni climatique à travers la personnalité de Claude Allègre qui, il y a quelques années, énonçait volontiers des formules à l'emporte-pièce sur les plateaux de

a. La métaphore de Henri Poincaré est limpide à ce sujet : « On fait la science avec des faits, comme on fait une maison avec des pierres ; mais une accumulation de faits n'est pas plus une science qu'un tas de pierres n'est une maison. »

télévision, tandis son ami Vincent Courtillot, au demeurant éminent spécialiste de paléomagnétisme, faisait ce qu'il pouvait au sein de l'Académie des sciences, avec quelques-uns de ses collègues de l'Institut de physique du globe de Paris, pour jeter le discrédit sur la communauté des climatologues, accusés d'ignorer le B.A.BA de l'analyse de données empiriques massives.

Quinze ans plus tard, le premier, pour des raisons de santé, ne s'exprime plus publiquement, le second semble faire profil bas devant l'accumulation des signes du réchauffement climatique, l'accroissement de la précision des simulations numériques du climat global, et l'incapacité à élaborer une explication alternative à la théorie de l'effet de serre. Aujourd'hui, le déni du changement climatique, qui s'est considérablement réduit dans la population française, se trouve concentré principalement dans un petit groupe de « climato-réalistes », ainsi qu'ils se nomment eux-mêmes. L'association est présidée par Benoît Rittaud, vulgarisateur prolifique des mathématiques[69]. François Gervais, physicien émérite de l'université de Tours, spécialiste de supraconductivité, est l'un des porte-parole de l'association[32, 33].

Il se trouve que le prix Nobel de physique 2021 a été décerné à deux climatologues pour leur contribution à l'étude du climat[a]. Le comité Nobel précise que les lauréats, Syukuro Manabe (Princeton) et Klaus Hasselmann (Institut Max Planck, Hambourg), se sont illustrés, en particulier, « pour la modélisation physique du climat de la Terre, la quantification de la variabilité et la prévision fiable du réchauffement climatique ». Les climato-réalistes se devaient de commenter cette attribution, et c'est François Gervais qui s'en est chargé. Le cas est intéressant, car il illustre, de façon somme toute assez amusante, l'entêtement dans l'erreur. La suite est un peu

a. Le troisième récipiendaire, Giorgio Parisi, est un spécialiste des systèmes complexes.

technique, mais rien de tel que de décortiquer les choses dans un cas précis qui se situe à l'interface entre l'erreur et l'erreur délibérée (*false news* versus *fake news*). Allons.

Dans *L'Innocence du carbone*, François Gervais tenait le raisonnement suivant. Il partait d'un fait établi, à savoir que la concentration en gaz carbonique de l'atmosphère est suffisante pour que le rayonnement infrarouge (IR) émis par la surface de la Terre soit totalement absorbé par les basses couches de l'atmosphère. On dit que l'absorptivité de l'atmosphère, pour les longueurs d'onde absorbées par le gaz carbonique, est totale, ou saturée. Du coup, comment le fait d'en rajouter (par l'utilisation des combustibles fossiles) pourrait avoir un effet quelconque ? On se souvient de Coluche s'amusant des publicités vantant les lessives qui rendaient le linge « plus blanc que blanc ». Eh bien ici, l'absorptivité de l'atmosphère ne peut être plus totale que totale, n'est-ce pas ? D'où le sous-titre du livre de F. Gervais : « L'effet de serre remis en question ».

En réalité, ce qui était (re)mis en question ici, c'était sa compréhension de l'effet de serre. La saturation de l'absorptivité de l'atmosphère pour les longueurs d'onde caractéristiques du gaz carbonique n'est en rien contradictoire avec l'accroissement de l'effet de serre lorsque la concentration de ce gaz augmente, mais le mécanisme, bien connu des spécialistes, n'est en général pas détaillé dans les textes de vulgarisation les plus schématiques. Avec Jean-Louis Dufresne, climatologue au Laboratoire de météorologie dynamique de l'Institut Pierre-Simon Laplace, nous y avons d'ailleurs consacré en 2011 un article intitulé « L'effet de serre : plus subtil qu'on ne le croit[a] ». Il faut donc supposer que François Gervais n'en avait pas pris connaissance, bien que son propre livre ait été publié deux ans plus tard…

a. *La Météorologie*, n° 72, février 2011, p. 31-41.

Aujourd'hui, l'auteur semble avoir revu en partie sa copie. En effet, en rendant compte des travaux des deux prix Nobel, il a écrit, de façon juste : « L'émission thermique décroît avec la température. Le point clé de la théorie de Manabe réside ainsi dans la baisse d'efficacité émissive du CO_2 à une altitude un peu plus élevée dans la troposphère. Qui dit affaiblissement de l'émission vers l'espace dit réchauffement de la Terre. » Rien à redire, donc, il ne reprend plus l'argument de son livre.

C'est ensuite que ça se gâte.

Car François Gervais poursuit : « Au-delà de la théorie, que nous apprennent les observations ? De 1993 à 2020, ces 27 années ont vu l'envoi dans l'atmosphère de pas moins de 44 % de tout le CO_2 émis depuis le début de l'ère industrielle. On devrait donc en vérifier un impact aussi épouvantable que le prévoient les modèles, en particulier sur la température à l'altitude à laquelle la chaleur est censée être déposée par convection et là où l'effet de serre atmosphérique est présumé prendre tout son sens. Nous disposons de mesures de température dans la basse stratosphère, fournies par les satellites RSS et UAH (www.climate4you.com). Les résultats ont le mérite d'être clairs. Après les perturbations engendrées par des éruptions volcaniques majeures, aucune évolution significative de température n'a été observée depuis 1993, questionnant la théorie. »

Et voilà que tout s'effondre à nouveau. Passons sur la phrase mentionnant « l'altitude à laquelle la chaleur est censée être déposée par convection », qui n'a aucun sens : la convection dans la troposphère est simplement responsable de ce que la température diminue avec l'altitude (environ 6 °C par kilomètre en moyenne). Rien à voir avec l'effet de serre. Mais là où François Gervais se fourvoie, c'est lorsqu'il cherche une signature du réchauffement « dans la basse stratosphère ». Précisons ce point.

Dans la stratosphère, contrairement à ce qui se passe dans la troposphère, il n'y a pas de convection de l'air, et la température s'élève avec l'altitude : on s'attend alors à ce qu'un accroissement de la teneur en gaz carbonique produise un refroidissement ! Or la région que François Gervais considère à l'appui de son propos est la « basse stratosphère », région de transition entre les deux zones, où l'on s'attend par conséquent à ce que la température varie peu ! Cette différence de comportement entre troposphère et stratosphère, prévue par la théorie, a d'ailleurs été, dans les années 1990, une des premières confirmations empiriques du fait que la cause du réchauffement était bien l'effet de serre. Si le Soleil était à l'origine du réchauffement climatique, l'augmentation de température serait *a priori* homogène dans toute la colonne atmosphérique.

Ce petit épisode scientifique est extrêmement révélateur. Le système climatique est à l'évidence un système complexe. Certains effets sont faciles à prévoir, d'autres le sont moins. Mais lorsque l'objection d'un pourfendeur de la théorie classique de l'effet de serre[a] concerne un point de science bien compris par les chercheurs concernés, on quitte le domaine de la science. Que l'association des climato-réalistes produise en bonne place sur son site un article de présentation des récents Prix Nobel de physique, dans lequel l'auteur montre qu'il ne comprend pas le sujet dans un de ses aspects les mieux établis, les plus connus de quiconque s'y est intéressé, révèle le peu de sérieux avec lequel cette association traite la production de connaissance.

Reste une interrogation : comment des scientifiques, sérieux dans leurs domaines respectifs, peuvent-ils en venir à chevaucher des baudruches aussi fragiles, dès lors qu'ils sortent de leur spécialité ?

L'histoire des sciences et des techniques révèle bien d'autres épisodes de ce type, détaillés par Hubert Krivine, qui couvrent l'éventail allant de l'entêtement dans des idées erronées jusqu'à la supercherie

---

a. La physique de l'effet de serre est établie depuis plus d'un siècle !

pure et simple : rayons N de René Blondlot, homme de Piltdown de Charles Dawson, conditions homéopathiques de « dégranulation des basophiles » de Jacques Benvéniste, avions renifleurs de Bonassoli et Villegas, hydroxychloroquine de Didier Raoult…

Mythes et faits alternatifs

Le « fait alternatif » de Kellyanne Conway concernait un dénombrement : celui du nombre de personnes ayant assisté à l'investiture de Donald Trump. Il existe un autre dénombrement, consigné dans la Bible celui-là : il s'agit du recensement, demandé à Moïse par Yahvé deux ans après la sortie d'Égypte, de tous les hommes de plus de 20 ans, en âge de combattre. On peut se convaincre facilement que le chiffre donné était faux. Mais le récit ne perd pas toute valeur pour autant, si l'on accepte de passer d'une lecture littérale à une lecture littéraire. Rappelons le contexte.

L'Exode

La nouveauté du récit biblique, dans l'histoire des hommes, tient au projet de fonder une nation sur l'adoption d'une Loi, proclamée d'inspiration divine. Le territoire, qui jusque-là constituait le terreau sur lequel poussaient les nations, doit venir après le ralliement à la Loi : la terre est promise à ceux qui ont fait alliance avec Dieu en adoptant sa Loi, et la Bible raconte les longs démêlés entre Dieu et cette future nation, Moïse tenant le difficile rôle d'entremetteur entre un peuple impatient et instable, et un Dieu susceptible et colérique. L'alliance se scelle à la sortie d'Égypte, d'où les Hébreux, descendants des Patriarches, ayant passé 400 ans dans le pays en tant qu'esclaves, finissent par s'échapper. La Loi d'abord, la terre viendra ensuite. Le Dieu de l'Exode est aussi un chef de guerre. Il lui faut savoir de combien de combattants il pourra disposer quand le pays de Canaan sera en vue. Le décompte se trouve dans le Livre des nombres (en hébreu, le titre du livre est *Be-midbar*, ce qui signifie justement « dans [le] désert »), et il est extrêmement précis. La population est organisée en 12 tribus, et dans chaque tribu tous les hommes aptes à faire campagne sont recensés. Les chiffres sont donnés, tribu par tribu. Le total est de… 603 550 (la tribu des Lévites ne fait pas partie de ce décompte).

Est-ce beaucoup ? Est-ce peu ? Ce chiffre ne tient compte ni des femmes ni des enfants de moins de 20 ans, donc le nombre total d'individus sillonnant le désert doit être de 2 à 3 millions, peut-être plus. Diable ! Deux à trois millions de personnes parcourant la région pendant quarante ans ! Et pourtant aucun document historique de l'époque ne mentionne leur présence, alors que le pouvoir pharaonique a installé des postes administratifs et militaires dans toute la région, sillonnée également par des caravanes de marchands, et que les recherches archéologiques, jusqu'aux plus récentes, n'ont décelé aucune trace de leur passage… ! Poursuivons. A-t-on idée du nombre d'habitants vivant en Égypte à l'époque de Ramsès II, lorsque les Hébreux, selon le texte, quittent le pays ? Les meilleures estimations viennent de l'agriculture : connaissant la superficie des terres cultivées et les rendements à l'hectare, compte tenu des techniques disponibles à l'époque, on peut estimer la population qu'il était possible de nourrir : elle était inférieure à 5 millions d'habitants ! L'Exode des Hébreux représenterait donc, en ordre de grandeur, la moitié de la population de toute l'Égypte…

Un événement d'une telle ampleur et d'une telle brutalité produirait un effondrement de la société égyptienne extrêmement grave, à tous points de vue, y compris économique, et pourtant là aussi : aucune trace historique. Donc ce chiffre de 603 550 hommes de plus de 20 ans est impossible. Un second recensement est rapporté, effectué quarante ans plus tard, juste avant l'entrée au pays de Canaan, qui donne le chiffre voisin, tout aussi impossible, de 601 730 hommes de plus de 20 ans (avec 23 000 Lévites).

La Bible dévoilée

Depuis la parution du livre d'Israël Finkelstein et de Neil Asher Silberman[31], *La Bible dévoilée*, nous savons qu'en fait ce récit de l'Exode et de la conquête du pays de Canaan n'a aucun fondement historique. Aucune trace de murailles à Jéricho, aucune trace de la conquête éclair au cours de laquelle, en quelques semaines, les Hébreux traversent le Jourdain, se rendent maîtres de tout le pays, du sud au nord, en vouant les populations vaincues à l'anathème – c'est-à-dire en les passant tout crûment au fil de l'épée. La Bible propose l'histoire d'une conquête. L'archéologie indique que cette conquête n'a pas eu lieu. Jéricho n'a pas été détruite, pas plus que Aï, Gabaon (où Josué demande à Yahvé, avec succès, qu'il veuille bien stopper la course du soleil pour finir de vaincre ses ennemis du jour), Hébron, Lakish, Gézér, ni même Haçor au nord. Pas non plus de massacre systématique des populations (au passage, quel soulagement !) auxquelles le texte ne reproche rien d'autre que d'être là.

Cette déconstruction (comme on dit) produit un soudain basculement amusé de l'esprit, l'éveil d'une curiosité nouvelle. La lecture du récit cède la place à un flot de questions concernant la nature du texte et les conditions de sa rédaction : qui donc l'a écrit, à quelle époque, et dans quel but ? Si les Hébreux ne constituent pas une nation préformée en Égypte, à laquelle il ne manquerait qu'une terre, comment le peuplement de la région s'est-il effectué au cours du premier millénaire avant notre ère, jusqu'à former le royaume d'Israël, au nord, et le royaume de Juda, au sud, avec Jérusalem comme centre ? Pourquoi l'interdit du porc, alors qu'il est abondamment consommé par les autres groupes ethniques de la région ?

L'Israël moderne est sans doute le pays où les recherches archéologiques ont été les plus développées, et de nombreux éléments de réponse ont été apportés à ces questions, qui dessinent enfin une approche scientifique « standard ». Le « dévoilement » scientifique du récit biblique n'enlève évidemment rien à sa valeur littéraire, il lui donne, au contraire, toute sa pureté poétique. Il illustre l'interrogation que Pierre Bayard soulève dans son ouvrage[8] : comment parler de faits qui ne se sont pas produits ? En soulevant cette autre interrogation : comment parler des faits qui se sont bien produits ? Là où la religion rend compte de tout sans rien expliquer, les approches anthropologique et archéologique recherchent des explications qui s'enchaînent, se nourrissent, et restituent le passé.

Effroi

Les histoires contées dans la Bible font partie d'un mythe, celui de Kellyanne Conway est un fait alternatif. Strictement parlant, ils sont faux l'un et l'autre. En un certain sens, le premier est même plus faux que le second, car il se rapporte à un événement qui n'a pas eu lieu, alors que le rassemblement au moment de l'investiture de Donald Trump est un fait réel. Souvent, la réaction de croyants à la preuve de l'inexistence historique de l'Exode est un simple haussement d'épaules : « Quelle importance ? Ce qui compte, ce sont les traditions qui se sont greffées autour d'un récit à valeur universelle, celui de la libération d'un esclavage. » Ce dont témoignent, d'ailleurs, des gospels américains comme *Joshua fought the battle of Jericho*. Un mythe, comme toute œuvre littéraire, a vocation à rassembler. Ils pourraient tous avoir en sous-titre le titre du roman de Georges Perec : *La Vie, mode d'emploi*.

Les faits alternatifs, dont l'exposé n'a à l'évidence aucune valeur littéraire (!), dessinent des mondes imaginaires qui ne peuvent que se fracasser contre le monde réel, à l'image du projet de Reich millénaire des nazis… ou de l'espoir poutinien de rétablir la sphère d'influence de l'Union soviétique. Le programme des Lumières de production de connaissances par confrontation des idées entre pairs est dissous au profit de constructions qui fonctionnent à la manière de pyramides de Ponzi : un fait alternatif en appelle un autre pour rendre compte du premier en une spirale complotiste, façon QAnon. Ils sont porteurs de violence et de mort. D'où l'effroi salutaire qu'ils déclenchent quand on les contemple dans leur pureté chimique…

Jacques Treiner

Jacques Treiner est physicien. Il a été professeur à l'université Pierre et Marie Curie et chercheur au LPTMS de Paris-Sud. Chroniqueur, vulgarisateur et traducteur, il préside aujourd'hui le Comité des experts du Shift Project.

Bibliographie

[1] Mathieu Agelou. *Maîtriser l'incertain. Statistiques et probabilités.* CNRS éditions, 2021.

[2] Samuel Alizon. « Avec le Covid-19, la modélisation des épidémies s'ouvre aux données massives ». *Pour la Science*, 529, octobre 2021.

[3] Claude Allègre. *Ma vérité sur la planète.* Plon, 2007.

[4] Aharon Appelfeld. *Histoire d'une vie.* Le Seuil, 2019 (trad. fr. Valérie Zenatti).

[5] Nicolas Chevassus-au-Louis. *Malscience. De la fraude dans les labos.* Le Seuil, 2016.

[6] Raphaëlle Bacqué et Ariane Chemin. « Comment Vincent Bolloré mobilise son empire médiatique pour peser sur l'élection présidentielle ». *Le Monde* (site web), *M-le-mag*, mardi 16 novembre 2021.

[7] Cyrille Baudouin et Olivier Brosseau. *Enquête sur les créationnismes. Réseaux, stratégies, objectifs.* Belin, 2013.

[8] Pierre Bayard. *Comment parler des faits qui ne se sont pas produits ?* Éd. de Minuit, 2020.

[9] Jacques Benveniste. « Human basophil degranulation triggered by very dilute antiserum against ige ». *Nature*, 333, juin 1988.

[10] Estelle Blanquet et Éric Picholle. « Pédagogie transmissive et principe d'autorité : l'exemple du système héliocentrique ». *Recherches en éducation*, 34, novembre 2018.

[11] Jacques Bouveresse. *Le Philosophe et le Réel.* Hachette, 1998.

[12] Jacques Bouveresse. « Nietzche contre Foucault, la vérité en question ». *Le Monde diplomatique*, mars 2016.

[13] Jean Bricmont. « Science et religion. L'irréductible antagonisme », *in* Dubessy J. et Lecointre G. (dir.), *Intrusions spiritualistes et impostures intellectuelles en sciences*. Syllepse, 2001.

[14] Gérald Bronner. *La Démocratie des crédules*. PUF, 2013.

[15] François Campagnac. *Initiales*, 262, 2021.

[16] Faouzia Farida Charfi. *La Science voilée*. Odile Jacob, 2013.

[17] Ariane Chemin et Marie-France Etchegoin. *Raoult, une folie française*. Gallimard, 2021.

[18] Hervé Chuberre. « L'Université interdisciplinaire de Paris (UIP). Morceaux choisis », *in* Dubessy J. et Lecointre G. (dir.), *Intrusions spiritualistes et impostures intellectuelles en sciences*. Syllepse, 2001.

[19] Suzy Collin-Zahn. « Les frères Bogdanov : science ou fable ? ». *AFIS*, novembre 2015.

[20] Nicolas Danchin. « Du réel au virtuel, ce qu'on gagne, ce qu'on perd ! ». *Cordiam*, 37, décembre 2020.

[21] Pierre Darlu. « Dépasser Darwin ». *Bulletin de la Société française de systématique*, 47, 2012.

[22] Guillaume Dasquié et Jean Guisnel. *L'Effroyable Mensonge. Thèse et foutaises sur les attentats du 11 Septembre*. La Découverte, 2002.

[23] Richard Dawkins. *The Blind Watchmaker*. W.W. Norton & Company, 1986 (trad. fr. Bernard Sigaud, *L'Horloger aveugle*, Robert Laffont, 1999).

[24] Michel de Pracontal. *L'Imposture scientifique en dix leçons*. Le Seuil, 2005.

[25] Philippe Deterre et Jean-Marie Ploux. *Un Dieu créateur : quel sens face à la science et la souffrance ?* Salvator, 2020.

[26] Laurence Devillliers. « Désinformation, les armes de l'intelligence artificielle ». *Pour la Science*, 523, 2021.

[27] Jean Dubessy. « Les “raisonnements anthropiques” ont-ils des fondements théoriques ? », *in* Dubessy J., Lecointre G. et Silberstein M. (dir.), *Les Matérialismes (et leurs détracteurs)*. Syllepse, 2004.

[28] Mandeep Rajinder Mehra *et al.* « Hydroxychloroquine or chloroquine with or without a macrolide for treatment of covid-19 : a multinational ». *The Lancet*, May 2020.

[29] Mathieu Farina et Elena Pasquinelli. *L'Art de faire confiance. Pour un nouveau contrat entre la science et les citoyens*. Odile Jacob, 2020.

[30] Jean Dubessy et Guillaume Lecointre. *Intrusions spiritualistes et impostures intellectuelles en sciences*. Syllepse, 2001.

[31] Israel Finkelstein et Neil Asher Silberman. *The Bible Unearthed : Archaeology's New Vision of Ancient Israel and the Origin of Its Sacred Texts*. Free Press, New York, 2001 (trad. fr. Patrice Ghirardi, *La Bible dévoilée*, Bayard, 2002).

[32] Gervais François. *L'Innocence du carbone. L'effet de serre remis en question*. Albin Michel, 2013.

[33] Gervais François. *L'urgence climatique est un leurre*. L'Artilleur, 2018.

[34] Galilée. *Écrits coperniciens*. LGF - Livre de Poche, 2004.

[35] Cuvier Georges. *Recherches sur les ossements fossiles de quadrupèdes*. Deterville, 1812. Disponible sur Gallica.

[36] Violaine Giacomotto-Charra et Sylvie Nony. *Généalogie d'une idée fausse*. Les Belles Lettres, 2021.

[37] Yves Gingras. *L'Impossible Dialogue. Sciences et religions*. P.U.F., 2016.

[38] Stephen Jay Gould. *La Mal-Mesure de l'homme*. Odile Jacob, 1997 (traduit de l'anglais (États-Unis) par Jacques Chabert et Marcel Blanc).

[39] Stephen Jay Gould. *Que Darwin soit !* Le Seuil, 2000 (trad. fr. Jean-Baptiste Grasset).

[40] Christoph Gradmann. « A harmony of illusions : clinical and experimental testing of Robert Koch's tuberculin 1890-1900 ». *Stud. Hist. Phil. Biol. and Biomed. Sci.*, 35, 2004.

[41] Christoph Gradmann. « Robert Koch and the white death : from tuberculosis to tuberculin ». *Microbes and Infection*, 8, 2006.

[42] Walter Gratzer. « L'affaire lyssenko, une éclipse de la raison ». *Médecine/sciences*, 21, février 2005.

[43] Nidhal Guessoum. *Réconcilier l'Islam et la science moderne, L'esprit d'Averroès*. Presses de la Renaissance, 2009.

[44] Samuel Hahnemann. *Doctrine médicale homéopathique ou organon de l'art de guérir*. J.-B. Baillière, 1834. Disponible sur Gallica.

[45] François Jacob. *Le Jeu des possibles. Essai sur la diversité du vivant*. Fayard, 1981.

[46] Michel Kerszberg. « Anne Dambricourt, ou le jargon scientifique comme outil de propagande », *in* Dubessy J. et Lecointre G. (dir.), *Intrusions spiritualistes et impostures intellectuelles en sciences*. Syllepse, 2001.

[47] Hubert Krivine. *La Terre, des mythes au savoir*. Cassini, 2011.

[48] Hubert Krivine. *Comprendre sans prévoir, prévoir sans comprendre*. Cassini, 2018.

[49] Hubert Krivine. *L'IA peut-elle penser ?* De Boeck, 2021.

[50] Bernard Lahire. « Imposture en sociologie : le cas de la thèse d'Élisabeth Teissier », *in* Dubessy J., Lecointre G. et Silberstein M. (dir.), *Les Matérialismes (et leurs détracteurs)*, Syllepse, 2004.

[51] Irving Langmuir. « The science of things that aren't so », in *Colloquium at the knolls research laboratory*. December 1953. https://www.cs.princeton.edu/ken/Langmuir/langmuir.htm.

[52] Guillaume Lecointre. « Évolution et molécules : Denton en crise », *in* Patrick Tort (dir.), *Pour Darwin*. Presses universitaires de France, 1997.

[53] Guillaume Lecointre. « Attention au bogue de l'an 800 000 ! Réfutation de la "loi de l'Évolution" ». *Charlie Hebdo*, 378, 1999.

[54] Guillaume Lecointre. « Anatomie d'un titre », *in* Dubessy J. et Lecointre G. (dir.), *Intrusions spiritualistes et impostures intellectuelles en sciences*. Syllepse, 2001.

[55] Guillaume Lecointre. *Les Sciences face aux créationnismes. Ré-expliciter le contrat méthodologique des chercheurs*. Quae, Versailles, 2012 (seconde édition : 2018).

[56] Guillaume Lecointre. *Savoirs, opinions, croyances*. Belin, 2018.

[57] Pedro Lima. « Impostures mystiques en paléoanthropologie », *in* Dubessy J., Lecointre G. et Silberstein M. (dir.), *Les Matérialismes (et leurs détracteurs)*, Syllepse, 2004.

[58] Valérie Lécuyer. « Le créationnisme sous la coupole ? Autopsie d'une imposture », *in* Dubessy J., Lecointre G. (dir.), *Intrusions spiritualistes et impostures intellectuelles en sciences*. Syllepse, 2001.

[59] Claude Lévi-Strauss. *La Pensée sauvage*. Plon, 1962.

[60] Denis Machon. *Quand des scientifiques se prennent les pieds dans la démarche*. Book-e-book, 2015.

[61] Filippo Menczer et Thomas Hills. « Réseaux sociaux, les ressorts de la désinformation ». *Pour la Science*, 523, 2021.

[62] Georges Minois. *Histoire de l'athéisme*. Fayard, 1998.

[63] Mircea Eliade. *Aspects du mythe*. Gallimard, 1985.

[64] Naomi Oreskes et Erik Convway. *Merchants of Doubt : How a Handful of Scientists Obscured the Truth on Issues from Tobacco Smoke to Global Warming*. Bloomsbury Press, 2010 (trad. fr., *Les Marchands de doute*, par J. Treiner, Éd. Le Pommier, 2012).

[65] William Paley. *Natural Theology ; or, Evidences of the Existence and Attributes of the Deity*. 1802. Traduction libre de l'anglais par Charles Pictet, *Théologie naturelle ou preuves de l'existence et des attibuts de la divinité*, J.J. Paschoud imprimeur-libraire, 1804. Disponibe sur Gallica.

[66] Jean Perrin. *Les Atomes*. Félix Alcan, 1913. Disponible sur Gallica.

[67] Félix Archimède Pouchet. *Hétérogénie, ou traité de la génération spontanée*. J.B. Baillière et fils, 1859.

[68] Myriam Revault d'Allonnes. *La Faiblesse du vrai. Ce que la post-vérité fait à notre monde commun*. Seuil, 2018.

[69] Bernard Rittaud. *Le Mythe climatique*. Le Seuil, 2010.

[70] Eugen Ruge. *Le Metropol*. Actes Sud, 2021.

[71] Shlomo Sand. *Comment le peuple juif fut inventé*. Fayard, 2008.

[72] Hervé Seitz. « Hydroxychloroquine et covid-19 : résumé d'un an de controverses ». *hal-03231601*, 2021.

[73] Marc Silberstein. « À propos de *Introduction à une histoire naturelle* de Claude Allègre ». *Bulletin de la Société française de systématique*, 11, 1992.

[74] Simon Singh et Edzard Ernst. *Trick or Treatment ? Alternative medicine on trial*. Bantam Press, 2008 (trad. fr. Marcel Blanc, *Médecines douces : info ou intox ?*, Cassini, 2019).

[75] Alan Sokal. *Beyond the hoax, Science, Philosophy and Culture*. Oxford University Press, 2008.

[76] Alan Sokal et Jean Bricmont. *Impostures intellectuelles*. Odile Jacob, 1997.

[77] Patrick Tort. *Qu'est-ce que le matérialisme ? Introduction à l'analyse des complexes discursifs*. Belin, 2016.

[78] Deniz Uztopal. « La réception en France du lyssenkisme, les scientifiques communistes français et la conceptualisation de la « science prolétarienne » (1948-1956) ». *Cahiers d'histoire. Revue d'histoire critique*, 122, 2014.

[79] Paul Valéry. *Le Bilan de l'intelligence*. Allia, 2021.

[80] Paul Veyne. *Les Grecs ont-ils cru à leurs mythes ? Essai sur l'imagination constituante*. Le Seuil, 1983.

[81] Irvin Yalom. *The Spinoza problem*. Basic Books, 2012 (trad. Sylvette Gleize, *Le Problème Spinoza*, Galaad, 2014).

Index

A

B

C

D

E

F

G

H

J

K

O

P

R

S

T

V

W

MIXTE
Papier issu de
sources responsables
FSC® C004472

Achevé d'imprimer en septembre 2022 par Wilco aux Pays-Bas
N° d'impression : 386898
N° éditeur DBSSI20220493